4. Fachseminar Mikrowellen-& Terahertz-Pruftechniken

Berichtsband BB 170

Furth, Germany
2 April 2019

ISBN: 978-1-7138-3707-7

Printed from e-media with permission by:

Curran Associates, Inc.
57 Morehouse Lane
Red Hook, NY 12571

Some format issues inherent in the e-media version may also appear in this print version.

Deutsche Gesellschaft Fuer Zerstoerungsfreie Pruefung (DGZfP)
Max-Planck-Str. 6
12489 Berlin
Germany

Phone: +49 30 67807-0
Fax: +49 30 67807-109

mail@dgzfp.de

Additional copies of this publication are available from:

Curran Associates, Inc.
57 Morehouse Lane
Red Hook, NY 12571 USA
Phone: 845-758-0400
Fax: 845-758-2633
Email: curran@proceedings.com
Web: www.proceedings.com

TABLE OF CONTENTS

Einführung in die Mikrowellenprüftechnik

Johann H. HINKEN [1]
[1] FI Test- und Messtechnik GmbH i. L., Magdeburg
Kontakt E-Mail: johann.hinken@fitm.de

Kurzfassung

Die Mikrowellenprüftechnik zielt primär auf die Erkennung von Defekten unter der Oberfläche von Bauteilen aus elektrisch isolierenden Materialien ab. Dazu gehören u.a. schalldämpfende Kunststoffe wie PTFE, glasfaserverstärkte Kunststoffe wie GFK sowie Schäume. Bauteile aus diesen Materialien können mit Mikrowellen zerstörungsfrei auf Porositäten, Lunker, Risse, z. T. Delaminationen, Fremdmaterialeinschlüsse, fehlerhafte Klebung und Stoßschäden untersucht werden. Unter Mikrowellen versteht man elektromagnetische Wellen mit Frequenzen von 300 MHz bis 300 GHz. Bei der Mikrowellenprüfung werden primär Unterschiede in der Dielektrizitätszahl εr des Grundmaterials und der zu erkennenden Defekte erkannt. Wie in der Optik treten Erscheinungen wie Brechung, Beugung und Reflexion auf. Andererseits wird die Prüfung ganz ähnlich wie die Wirbelstromprüfung durchgeführt und ausgewertet. Es werden die technischen Grundlagen der Mikrowellenprüfung erläutert und Anwendungsbeispiele aus dem Labor und der industriellen Praxis gegeben. Das scannende und das direkt bildgebende Verfahren NIDIT werden gezeigt. Die Hauptvorteile der Mikrowellenprüftechnik sind - gegenüber der Ultraschallprüftechnik: Es ist kein Koppelmittel nötig. - gegenüber der Röntgentechnik: Es sind keine besonderen Sicherheitsmaßnahmen erforderlich.

Einführung in die Mikrowellenprüftechnik

FI Test- und Messtechnik GmbH

Johann Hinken
FI Test- und Messtechnik GmbH i. L., Magdeburg

4. Fachseminar des FA MTHz der DGZfP
Mikrowellen- und Terahertz-Prüftechnik in der Praxis
2. April 2019, Fraunhofer IIS, Fürth

1. Einleitung
2. Grundlagen der Mikrowellenprüfung
3. Anwendungsbeispiele zur Mikrowellenprüfung
4. Schluss

Mikrowellen-Prüfung zielt primär ab auf

FI Test- und Messtechnik GmbH

- **die Erkennung von Defekten unter der Oberfläche von Bauteilen aus elektrisch isolierenden Materialien, dazu gehören**
- Schalldämpfende Kunststoffe wie
  - PTFE (Teflon)

  - Glasfaserverstärkte Kunststoffe GFK, Aramidfaser…

  - Schäume
- Auch Keramik, Glas, Holz, naturfaserverstärkte Kunststoffe, WPC
- Große Wandstärken, dicke Bauteile
- Porositäten, Lunker, Risse, z. T. Delaminationen, Fremdmaterialeinschlüsse, fehlerhafte Klebung, Stoßschäden, usw.
- Auch für Bestimmung von Materialeigenschaften: Harzmangel/-überschuss, Fasergehaltsschwankungen, Faserfehlorientierung

FI Test- und Messtechnik GmbH

Beispiel GFK:
geeignet erscheinende herkömmliche Verfahren

- Ultraschall: Dämpfung durch Streuung an Faser-Matrix-Übergängen: „körnige" Struktur, Rayleigh-Streuung – Koppelmittel erforderlich
- Röntgen-CT: kostspielig, Schwächungswerte zwischen Grundwerkstoff GFK und Fehlern (zumeist Luft) zu gering.
- Verbesserungspotential durch Mikrowellen:
  - Gegenüber U.S.: kleinere Streudämfung wegen größerer Wellenlänge (Dämpfung durch Rayleigh-Streuung prop. $1/\lambda^4$) > größere Beobachtungstiefe, kein Koppelmittel
  - Gegenüber Röntgen-CT: vor allem preiswerter, weil keine Sicherheitsrisiken

FI Test- und Messtechnik GmbH

Grundlagen der der Mikrowellenprüfung:
Spektrum der elektromagnetischen Wellen

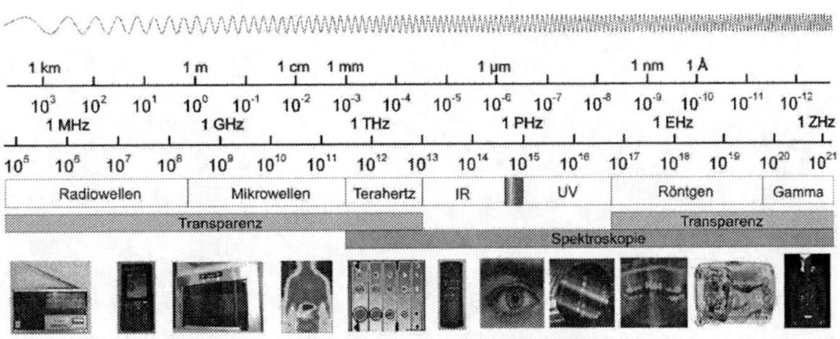

Quellen: Fraunhofer IPM (9), Smiths Detection (1), Forschungszentrum Rossendorf (1)

Mikrowellen: 300 MHz ... 300 GHz.

Terahertz (THz): > 300 GHz, Teil des Infrarot(IR)-Bereichs.

1. Einleitung
2. Grundlagen der Mikrowellenprüfung
3. Anwendungsbeispiele zur Mikrowellenprüfung
4. Schluss

Grundlagen der Mikrowellenprüfung:

FI Test- und Messtechnik GmbH

Es werden die örtlichen Unterschiede in der **Permittivität (Dielektrizitätszahl)** ε_R des transparenten Materials genutzt.
---> Brechung, Beugung und Reflexion, wie in der Optik.

zwei Prinzipien sind möglich: Reflexion und Transmission

1. Einleitung
2. Grundlagen der Mikrowellenprüfung
3. Anwendungsbeispiele zur Mikrowellenprüfung
4. Schluss

Grundlagen der Mikrowellenprüfung:

FI Test- und Messtechnik GmbH

Handgerät FMH1

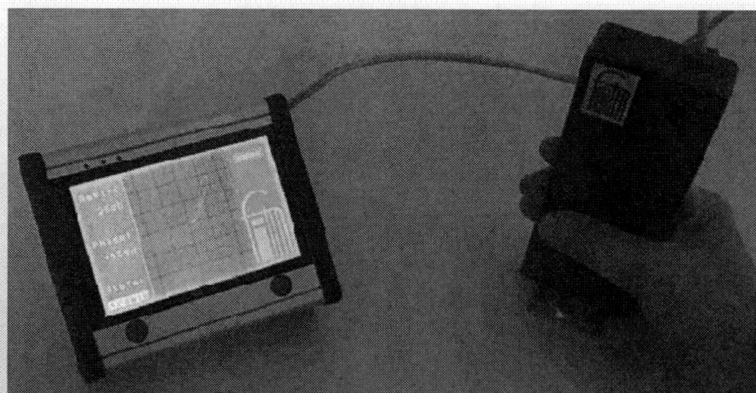

Grundlagen der Mikrowellenprüfung:

FI Test- und Messtechnik GmbH

Die **Anzeigen** enthalten Informationen zu Defektgröße und Tiefenlage.

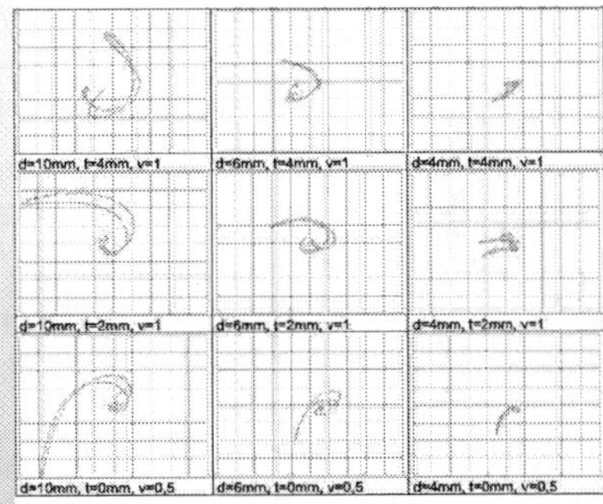

PP-Platte, 10mm dick, mit Flachbodenbohrungen (FBH): Durchmesser d, Restwandstärke t, Verstärkung v.

Darstellung des Reflexionsfaktors in komplexer Ebene, gemessen von verdeckter Seite.

J. H. Hinken und D. Beilken: Mikrowellen-Defektoskopie mit erweitertem Wirbelstromprüfsystem. Magdeburg, 2005

Grundlagen der Mikrowellenprüfung:

FI Test- und Messtechnik GmbH

Darstellung nach Art eines **C-Scans**. Die Farben sind entweder dem x-Wert, dem y-Wert, dem Winkel oder der Weite der Auslenkung vom Nullpunkt zugeordnet.

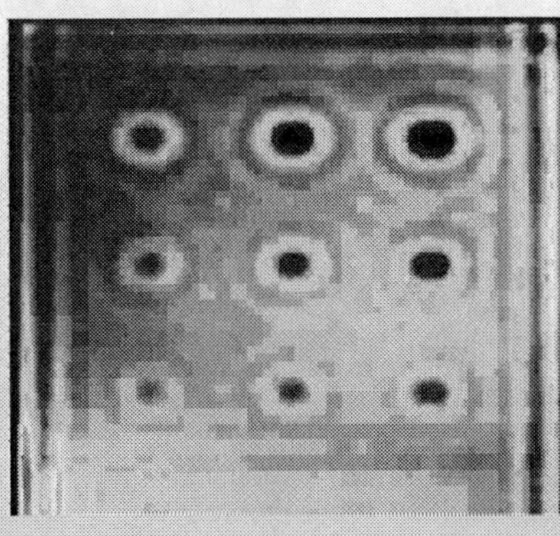

PP-Platte, 10mm dick, mit Flachbodenbohrungen

Von oben nach unten:
Durchm. d=10, 6, und 4mm
Von links nach rechts:
Überdeckung t=4, 2, and 0 mm

Dargestellt ist der y-Wert (Imaginärteil) des Reflexionsfaktors.

Grundlagen der Mikrowellenprüfung:
Antennen

FI Test- und Messtechnik GmbH

Koaxialsonde für höhere Ortsauflösung

Hohlleitersonde größere Beobachtungstiefen

Offener Hohlleiter und **Linse** für Beobachtungstiefen bis 60 mm

Anwendungsbeispiele zur Mikrowellenprüfung:

FI Test- und Messtechnik GmbH

Handgerät FMH1

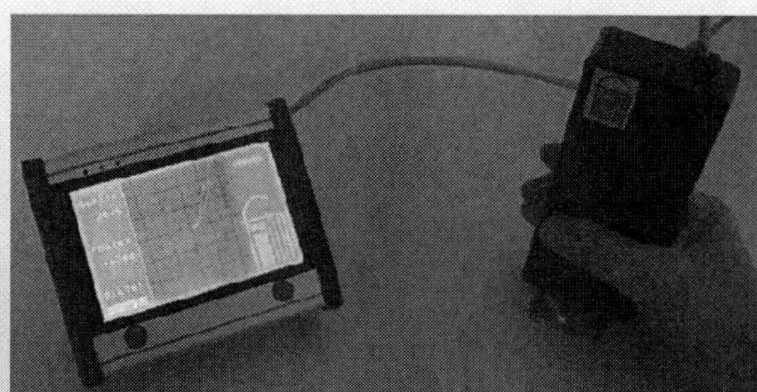

Vorschaltgerät FVG: spezielle Ausführungsform des FMH1 mit Anschluss an Wirbelstrompüfgerät.

1. Einleitung
2. Grundlagen der Mikrowellenprüfung
3. Anwendungsbeispiele zur Mikrowellenprüfung
4. Schluss

Handscanner

FI Test- und Messtechnik GmbH

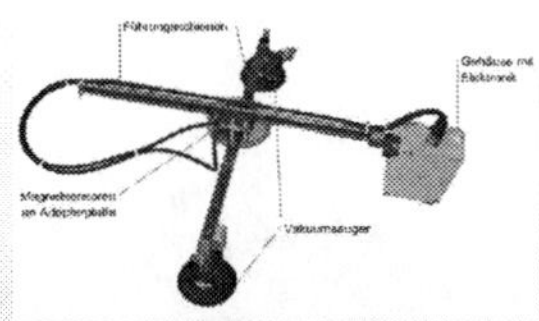

Aufbau des Handscanners. Drahtlose Verbindung zu Laptop als Bedienkonsole.

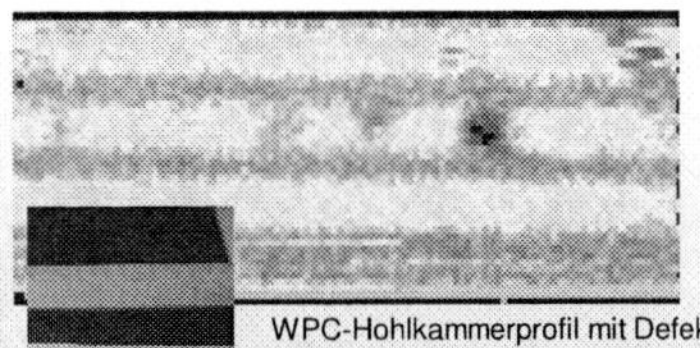

WPC-Hohlkammerprofil mit Defekten. Von außen, siehe eingesetztes Foto, sind diese Defekte visuell nicht erkennbar.

GFK-Absorberturm einer Raffinerie

Handscanner im Einsatz zur Untersuchung von Lecks

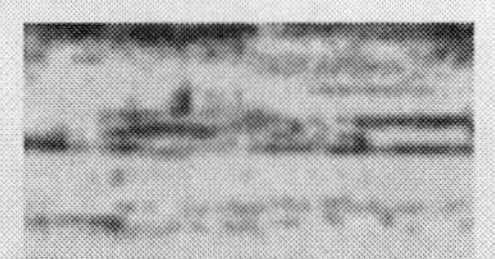

Anzeige des Handscanners: dunkelblaue Bereiche deuten auf Flüssigkeitsverteilung in der GFK-Wand hin

Johann Hinken

11

1. Einleitung
2. Grundlagen der Mikrowellenprüfung
3. Anwendungsbeispiele zur Mikrowellenprüfung
4. Schluss

FI Test- und Messtechnik GmbH

Mikrowellenprüfsystem für Verbundplatten

1. Einleitung
2. Grundlagen der Mikrowellenprüfung
3. **Anwendungsbeispiele zur Mikrowellenprüfung**
4. Schluss

Beispiel: **GFK-Blattfeder**

FI Test- und Messtechnik GmbH

Mercedes Sprinter

Volkswagen Crafter

Mit GFK-Blattfedern an der Vorderachse

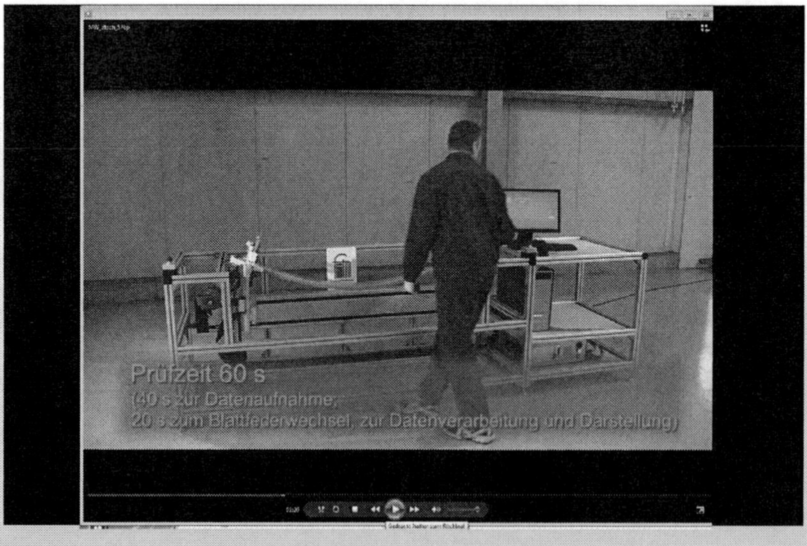

FI Test- und Messtechnik GmbH

NIDIT-Verfahren zur unmittelbar bildgebenden Mikrowellenprüfung

(NIDIT: non-ionizing direct imaging testing)

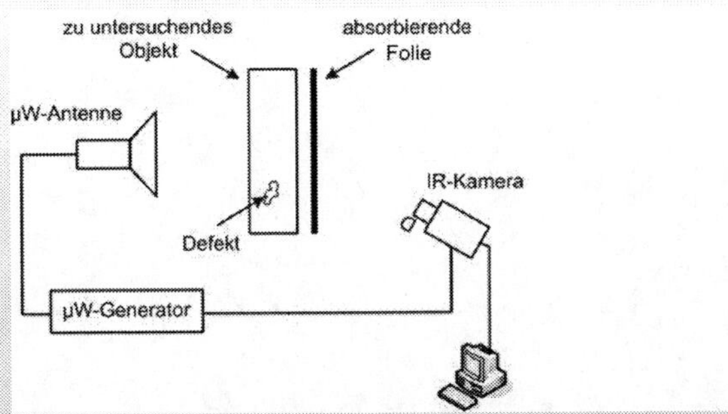

Prinzipielle Anordnung

1. Einleitung
2. Grundlagen der Mikrowellenprüfung
3. Anwendungsbeispiele zur Mikrowellenprüfung
4. Schluss

FI Test- und Messtechnik GmbH

Beispiel **Rotorblatt** von Windkraftanlage

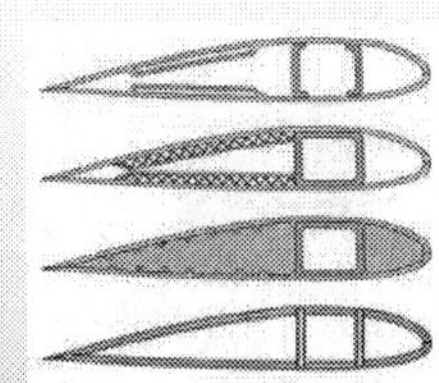

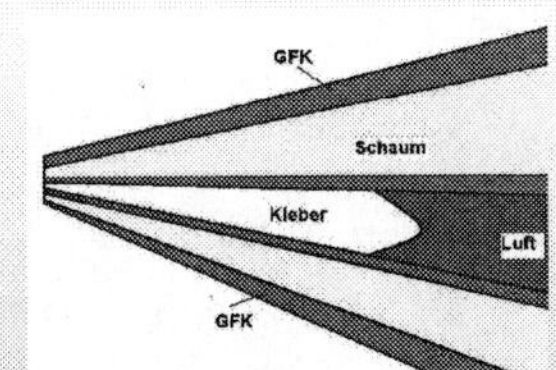

Verbünde aus unterschiedlichen isolierenden Materialien,
hier GFK, Schaum, Kleber, Luft.
Prüfung u.a. auf Verklebungsfehler

Es folgt:
NIDIT-Aufnahme einer Kante, etwa 20 cm dicker Sandwich aus GFK, Schaum, Kleber und Luft

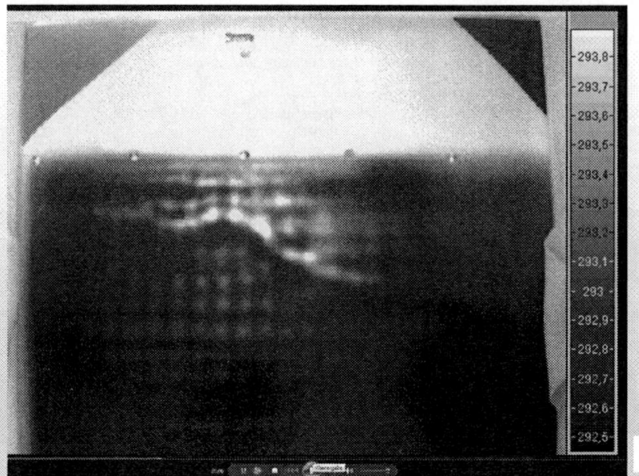

P05.wmv

Mikrowellenprüfung
Weitere Anwendungbeispiele

- Vermessung von Out-of-plane-Ondulationen in GFK

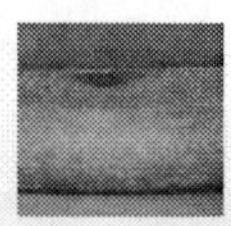

- Anwesenheitskontrolle von Dichtungen in Ventilen

- Personenscanner, 70 bis 80 GHz

- Feuchteverteilungen

Sowie hier im Seminar
- Lackdickenmessung auf CFK, Luftfahrtbereich
- Mikrowellen-Imaging für Automotive-Anwendungen
- Radar zur Prüfung von Beton

1. Einleitung
2. Grundlagen der Mikrowellenprüfung
3. Anwendungsbeispiele zur Mikrowellenprüfung
4. Schluss

Mikrowellenprüfung: Defektoskopie

FI Test- und Messtechnik GmbH

Vorteile: Im Gegensatz zu UT kein Koppelmittel nötig
Im Gegensatz zu Röntgen usw. keine Sicherheitsmaßnahmen erforderlich
Berührungslos möglich
Große Beobachtungstiefe
Gut automatisierbar
Bei Transmission sogar unmittelbar bildgebend möglich (NIDIT)

Nachteile: Nur bei Isolierstoffen einsetzbar
Nicht bei CFK einsetzbar

Hauptanwendungen:
Bei Kunststoffen, GFK, Keramik, Glas, Holz,...
Zur Erkennung von Fehlern wie Delaminationen, Fremdmaterialeinschlüsse, Stoßschäden usw.
Zur Bestimmung von Schichtdicken, Faser/Matrixverhältnissen, Porigkeit usw.
Feuchtigkeitsbestimmung
Sicherheitsscannner

Unternehmen, Deutschland: Becker Photonik GmbH, Rohde & Schwarz GmbH & Co. KG; hf sensor GmbH. International: u.a. Evisive, Inc., USA. ; Satimo, Frankreich

Kontakt: Johann Hinken
FI Test- und Messtechnik GmbH i. L.
Breitscheidstrasse 17
D-39114 Magdeburg, Germany
Mobil.: +49 171 2053208
Email: johann.hinken@fitm.de
www.fitm.de

Röntgenprüfung und Millimeterwellenprüfung – Ein kleiner Vergleich

Stefan BECKER [1]
[1] Becker Photonik GmbH, Porta Westfalica
Kontakt E-Mail: stefan.becker@becker-photonik.de

Kurzfassung

Röntgenprüfung und Millimeterwellenprüfung – Ein kleiner Vergleich

Das 4. Fachseminar „Mikrowellen- und Terahertz-Prüftechnik in der Praxis" findet in diesem Jahr am Fraunhofer Entwicklungszentrum Röntgentechnik EZRT in Fürth statt. Dieses Zentrum ist DER Standort für industrielle Röntgentechnik in Deutschland. Da bietet es sich an, einen kleinen Vergleich des Seminarthemas mit der Röntgentechnik zu versuchen.

Beide Verfahren setzen elektromagnetische Strahlung ein und benötigen daher kein Kopplungsmedium zur Prüfung von Bauteilen. Während Röntgenstrahlung Wellenlängen im Bereich von Nanometern und darunter besitzt, liegt die Wellenlänge für Millimeterwellen, wie der Name schon sagt, im Millimeterwellenbereich. Dadurch ergeben sich natürlich große Auflösungsunterschiede zwischen den beiden Verfahren.

Auch technologisch ist die Röntgentechnik der Millimeterwellentechnik weit voraus. Das zeigt sich vor allem in der Tatsache, dass es heute eine Vielzahl hochauflösender, echtzeitfähiger Flächendetektoren für Röntgenstrahlung gibt. In der Millimeterwellentechnik werden größtenteils einzelne Sender und Empfänger eingesetzt. Im Gegensatz zu Röntgenstrahlung kann Millimeterwellenstrahlung außerdem keine leitenden Materialien durchdringen (Metalle, CFK), sondern nur dielektrische Werkstoffe.

Die Vorteile der Millimeterwellentechnik liegen aber in ihrer einfachen Einsetzbarkeit, da keine Abschirmung von Personen notwendig ist (die Strahlung ist nicht ionisierend). Außerdem kann man die Technik (wie Ultraschall) auch bei nur einseitigem Zugang einsetzen (in Reflektion), was die Untersuchung großer Prüfteile erleichtert oder erst möglich macht.

An Hand von zwei Anwendungsbeispielen, nämlich erstens der Prüfung von Isolationsschäumen und zweitens der Prüfung keramischer Schleifscheiben, werden die Vorteile der Millimeterwellenprüfung aufgezeigt. Das Verfahren ist extrem sensitiv und in diesen Nischen nicht nur der Röntgentechnik, sondern auch allen anderen etablierten ZfP-Verfahren überlegen.

Schichtdickenmessung mittels Mikrowellen auf CFK – Anwendungen

Jochen KUNZ [1]
[1] MICRO-EPSILON Messtechnik GmbH & Co. KG, Ortenburg
Kontakt E-Mail: jochen.kunz@micro-epsilon.de
Königbacher Straße 15
D-94496 Ortenburg

Kurzfassung

Das Lackdickenmessgerät FSC wurde im Frühjahr 2017 in die Micro-Epsilon Gruppe integriert. Die Weiterentwicklung und Fertigung erfolgt im Micro-Epsilon Unternehmensverbund. Das FSC Messgerät dient zur zerstörungs- und verschleißfreien Messung der Dicke von Lack und anderen elektrisch isolierenden Schichten. Aus Kosten, Qualitäts- und Sicherheitsgründen müssen Schichtdicken während der Fertigung und auch nach Service/Reparatur überprüft und dokumentiert werden. Schwankungen der Lackdicke haben unter anderem Einfluss auf das Gewicht, die mechanischen Eigenschaften, die Haltbarkeit sowie die UV- und Korrosionsbeständigkeit des Bauteils. Als Trägermaterial sind Substrate aus karbonfaserverstärktem Kunststoff (CFK), CFK mit metallischem Blitzschutz sowie Metall verwendbar. Die Substrate dürfen isotrop oder anisotrop sein und unterschiedliche elektrische Leitfähigkeit besitzen.

Das tragbare System besteht aus einem Sensor als Handgerät und einem Controller mit integrierter Spannungsversorgung als Bedien- und Anzeigemodul. Das System arbeitet mit Mikrowellen im ISM-Band (Frequenzbereich 24 bis 24,25 GHz). Eine Vorbereitung der Messstelle entfällt. Der Sensor wird von dem Bediener auf die Oberfläche aufgesetzt und die Messung manuell ausgelöst. Es wird kein Koppelmedium benötigt und die Messstelle bleibt in ihren mechanischen und optischen Eigenschaften unverändert. Die aktive Messfläche beträgt ca. 2 cm^2. Eine Messung mit parametrierbarer dynamischer Verkippungserkennung dauert ca. 1 Sekunde.

Unterschiedliche elektrische Leitfähigkeit des Untergrunds wird durch Justage des Messsystems mit Folien aus Kunststoff bekannter Dicke auf dem individuellen Kundensubstrat berücksichtigt. Die erzeugten Daten werden neben Zeitstempel mit Freitextnamen versehen. Auswahl und Verwaltung dieser substratabhängigen Parameter erfolgt im Controller und sind wiederverwendbar.

Der Messbereich beträgt je nach Geräteausführung 0…500 µm oder 0...1.000 µm. Die Mindestschichtdicke ist gleich der angezeigten Auflösung von 1 µm. Die Dickenwerte werden direkt auf einem integrierten Touchdisplay angezeigt und protokolliert. Im Falle von mehrschichtigem Lack wird die Gesamtdicke gemessen.

Neben den einzelnen Messwerten werden auch Statistiksätze, unter anderem mit Standardabweichung und Mittelwert, protokolliert. Über einen USB-Anschluss können die Messdaten komfortabel zur Weiterverarbeitung exportiert werden.

Das System wurde weltweit von Flugzeugherstellern, deren Zulieferern und Dienstleistern sowie Airlines qualifiziert und wird in Forschung und Entwicklung ebenso eingesetzt wie in Lackierung und Instandhaltung.

Mikrowelle FSC

MICRO-EPSILON

Schichtdickenmessung auf CFK
Anwendungen

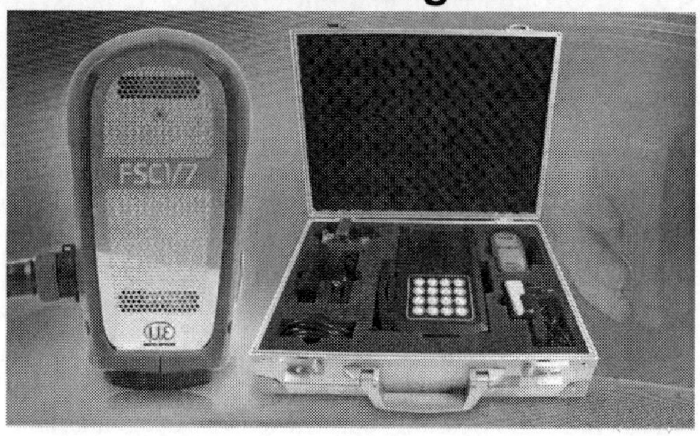

Jochen Kunz

Micro-Epsilon - 50 Jahre Sensoren & Lösungen

MICRO-EPSILON

- Deutsches mittelständisches Technologieunternehmen
- Sensoren, Systeme & Lösungen: vom Katalogprodukt bis zur kundenoptimierten Serie
- Kompetenz und Innovation in Technologie, Produkt und Applikation weltweit

Mehr Präzision als Mehrwert für unsere Geschäftspartner

MICRO-EPSILON

- Micro-Epsilon Produkte ermöglichen Innovation, steigern die Produktivität und sorgen für Qualitätsverbesserung und Ressourceneinsparung
- Fokus auf Fertigungsautomation und Qualitätskontrolle in Maschinenbau, Prozessindustrie, Mobilität und Elektronikproduktion

Micro-Epsilon - 50 Jahre Sensoren & Lösungen

MICRO-EPSILON

Mobilität:
- Automotive
- Schiffbau
- Schienenfahrzeuge
- Aerospace

Prozessindustrien:
- Metall
- Glas
- Kunststoff
- Papier
- Reifen & Gummi

Maschinenbau:
- Fertigungsmaschinen
- Messtechnik & Prüfsysteme
- Werkzeugmaschinen
- Fördertechnik
- Halbleiter

Weitere Branchen:
- Medizintechnik
- Weiße Ware

FSC - Aufbau Lackschichten

MICRO-EPSILON

Stärke: ca. 20 µm Resin - 10..50 µm Primer – 50..200 µm Enamel

FSC - Lackierfehler

MICRO-EPSILON

Warum Lackdicke messen ?

Lack zu dick

- zusätzliches Gewicht
- mechanischer Stress, Abplatzen der Deckschicht
- mangelhafter Blitzschutz (Grenze ca. 400 µm)

Lack zu dünn

- mangelhafte UV-Beständigkeit
- mangelnder Korrissionsschutz

Qualität – Kosten – Sicherheit – Lebensdauer

Verfahren zur Schichtdickenmessung auf CFK

MICRO-EPSILON

Schliffbild
- zerstörend
- aufwendig

Ultraschall
- benötigt Koppelmedium
- Mindestschichtdicke

Keilschnittverfahren
- zerstörend
- optische / visuelle Messung

FSC - Eigenschaften

MICRO-EPSILON

- zerstörungsfreie Messung der Gesamtdicke isolierender Schichten
- keine Mindestschichtdicke
- Speichern der Justage- und Messdaten
- Statistikfunktionen mit Datenexport
- Messbereich 0...500 µm und 0...1.000 µm

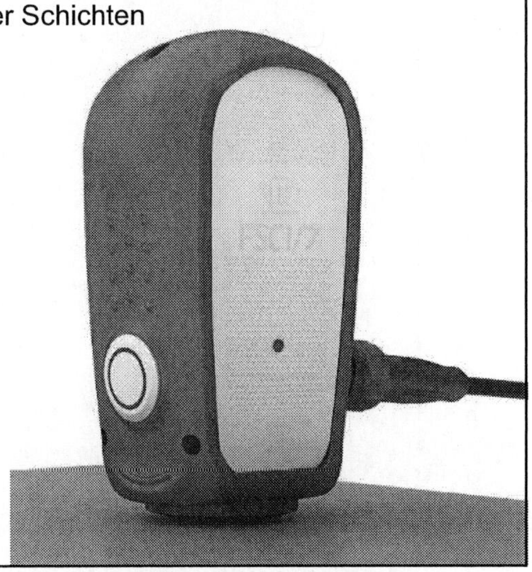

FSC Paint Thickness Gauge

MICRO-EPSILON

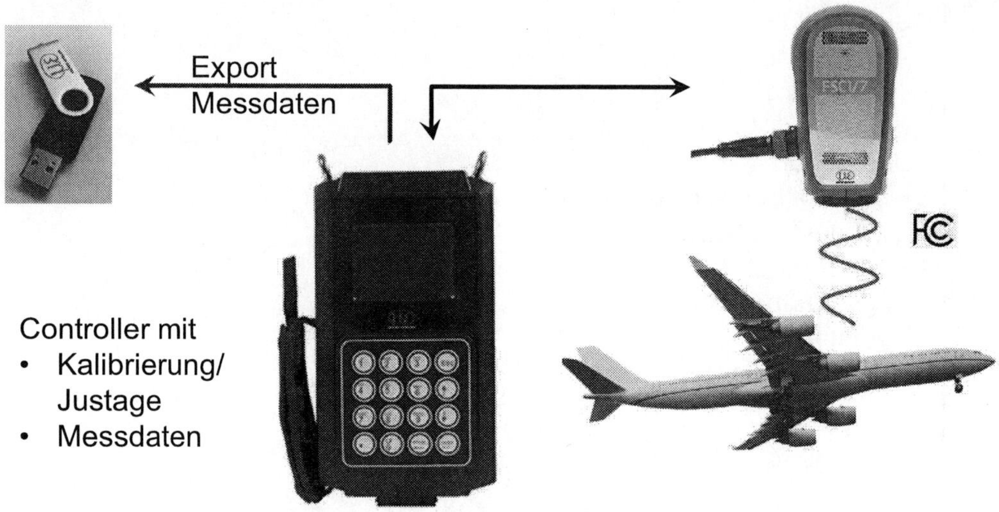

FSC – technische Daten

MICRO-EPSILON

Modell	FSC1/7	FSC1000
Messbereich	0 ... 500 µm	0 ... 1000 µm
Linearität [1]	≤ ±3 µm	≤ ±5 µm [2]
Reproduzierbarkeit	≤2 µm	≤4 µm
Dauer einer Einzelmessung	ca. 1 sec	
Auflösung der Anzeige	1 µm oder 0,01 mils	
Aktive Messfläche	ca. ø 20 mm	
Koppelmedium	Nicht erforderlich	
Substrate (Auswahl)	CFK [3], CFK mit Blitzschutz [3], Metall	
Bedien- und Anzeigeelemente	3,2" resistives LCD Touchdisplay, , Folientastatur	
Dynamische Verkippungserkennung	Aktivierbar und parametrierbar	
Statistikfunktionen	Min., Max., Zähler, Mittelwert und Standardabweichung	
Messprinzip	Zerstörungs- und verschleißfrei mit Mikrowellen	
Versorgungsspannung	NiMh Akku	
Frequenzbereich	24 ... 24,25 GHz (ISM-Band)	
FCC Identifier Rule Parts 15B/15C	2AMBGFSC1-7	auf Anfrage

[1] Justage mit Stützpunkten, Abstand der Stützpunkte max. 150 µm.
[2] Ab 500 µm zusätzlich abhängig von der Dielektrizitätszahl, erfahrungsgemäß zunehmend bis zu ±3 %.
[3] Bei Gewebe mindestens einlagig; bei Gelege mindestens zweilagig mit unterschiedlichen Winkeln

FSC – Justage und Messung

- werksseitige Kalibrierung
- Justage individuell auf Kundenmaterial
- Aufsetzen des Sensors auf Kalibrierfolie
- bei Justage und Messung gleiches Material
- parametrierbare dynamische Verkippungserkennung

FSC Funktionsprinzip

- kreiszylindrischer Hohlraumresonator
- Substrat als Bodenplatte
- Ermitteln der Resonanzfrequenz

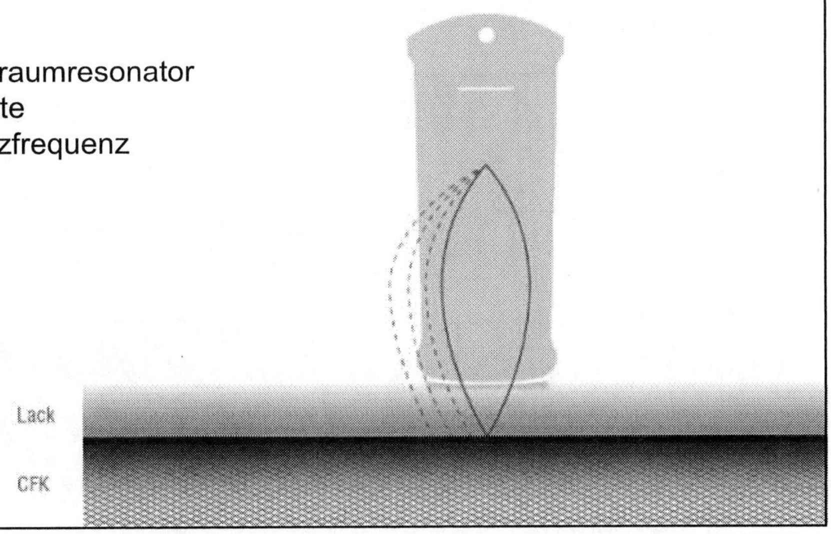

FSC Messergebnis

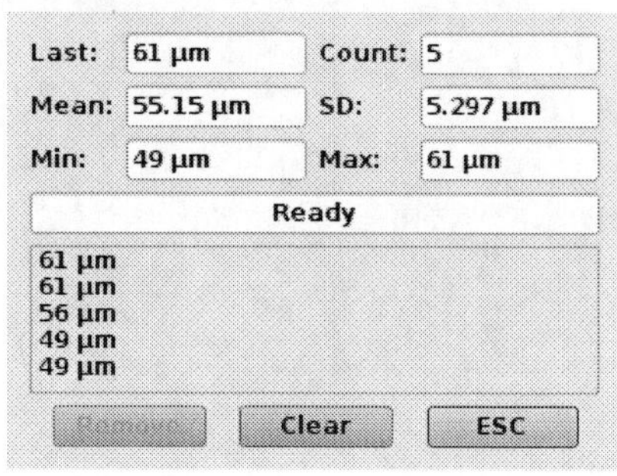

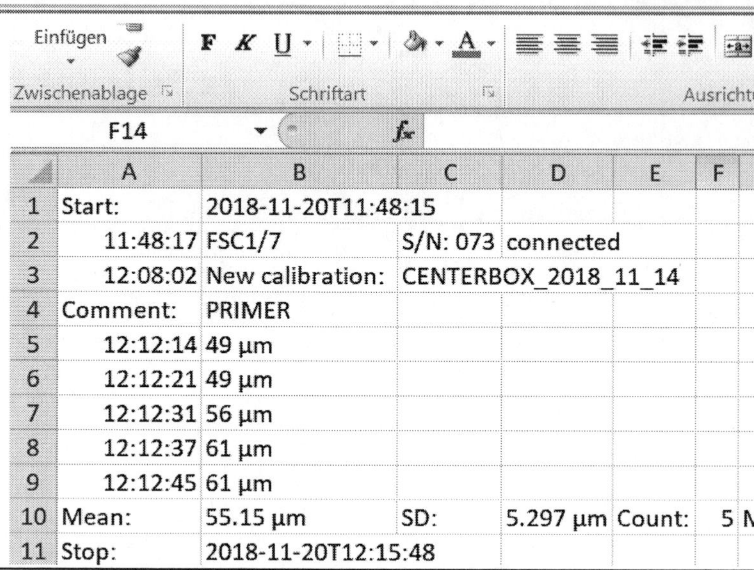

	A	B	C	D	E	F
1	Start:	2018-11-20T11:48:15				
2	11:48:17	FSC1/7	S/N: 073	connected		
3	12:08:02	New calibration:	CENTERBOX_2018_11_14			
4	Comment:	PRIMER				
5	12:12:14	49 µm				
6	12:12:21	49 µm				
7	12:12:31	56 µm				
8	12:12:37	61 µm				
9	12:12:45	61 µm				
10	Mean:	55.15 µm	SD:	5.297 µm	Count:	5 M
11	Stop:	2018-11-20T12:15:48				

FSC – Kunden / Referenzen

- Flugzeughersteller und Zulieferer
- Service, Wartung, Paintshop
- Airlines

- KFZ / Automotive - Argrar
- Schienenfahrzeuge
- Bootsbau
- Windkraft

FSC – Kontakt

MICRO-EPSILON

Micro-Epsilon Messtechnik GmbH & Co. KG
Jochen Kunz

Königbacher Straße 15
94496 Ortenburg / Germany
Tel.: +49 8542 168-228 | Fax: +49 8542 168-92221

jochen.kunz@micro-epsilon.de
www.micro-epsilon.de

Micro-Epsilon - 50 Jahre Mehr Präzision

MICRO-EPSILON

Augmented-Reality-Visualisierung von Abbildungsergebnissen an Betonbauteilen – Implementierung und Ausblick

Martin SCHICKERT [1], Christian KOCH [2], Frank BONITZ [1]
[1] Materialforschungs- und -prüfanstalt an der Bauhaus-Universität Weimar (MFPA Weimar)
[2] Bauhaus-Universität Weimar, Professur Intelligentes Technisches Design

Kontakt E-Mail: martin.schickert@mfpa.de

Kurzfassung. Bei der Auswertung und Diskussion dreidimensionaler zerstörungsfreier Abbildungsergebnisse an komplexen Bauteilen und bei der vergleichenden Bewertung von Prüfergebnissen im Lebenszyklus eines Bauteils kann es notwendig sein, mehrere Darstellungen geometrisch exakt zu vergleichen. Um direkt am Bauteil die Zuordnung der Ergebnisse untereinander, zur äußeren Geometrie des Bauteils und zu inneren Objekten zu erleichtern, kann eine *Augmented-Reality*-Visualisierung eingesetzt werden. Dabei wird das visuelle Bild des Bauteils mit virtuell erzeugten Bildern der inneren Objekte und der Abbildungsverfahren überlagert.

Im Beitrag wird die Darstellung durch *Augmented Reality* (AR) am Beispiel eines Betontestkörpers mit inneren Objekten vorgestellt. Vom Bauteilinneren wurden mit dem Ultraschall- und dem Radarverfahren dreidimensionale CSAFT- bzw. SAFT-Abbildungen (*Synthetic Aperture Focusing Technique*) erzeugt. In einer AR-Anwendung wird das Kamerabild eines Tablets, mit dem das Bauteil betrachtet wird, mit den Abbildungsergebnissen (Ist-Daten) und der 3D-Geometrie der Einbauteile (Soll-Daten) ortsrichtig überlagert. Bei Bewegung oder Drehung des Tablets bleibt der geometrische Zusammenhang zwischen der äußeren und der inneren Ansicht gewahrt. Das Tablet eröffnet so quasi ein Sichtfenster ins Innere des Bauteils.

Der Ablauf zur Aufbereitung und Interpretation der Bilddaten wird erläutert, und die Anwendungsmöglichkeiten und Voraussetzungen einer *Augmented-Reality*-Visualisierung werden aufgeführt und diskutiert. Der Beitrag möchte so eine Perspektive auf mögliche weitere Anwendungen z. B. bei der Inspektion und Wartung von Betonbrücken oder Flugzeugen eröffnen.

1. Einführung

Als Folge der steigenden Verbreitung von Mehrkanal- und scannenden Geräten werden in der zerstörungsfreien Prüfung zunehmend bildgebende Verfahren eingesetzt. Dadurch lassen sich zwei- oder auch dreidimensionale Objektbereiche darstellen, was die Interpretation ausgedehnter Anzeigen vereinfacht. Stand der Technik ist inzwischen auch die kombinierte Darstellung der Abbildungen mit der Objektgeometrie des Prüfobjekts. In den Implementierungen verschiedener Anbieter können dazu Mess- oder Simulationsergebnisse und CAD-Daten (*Computer Aided Design*) der Objektgeometrie importiert und gemeinsam in einem 3D-Modell auf einem Computermonitor dargestellt werden (z. B. [1]). Eine solche Darstellung erleichtert die geometrische Zuordnung und vereinfacht damit das Verständnis der Messergebnisse. Während dies für viele Einzelprüfungen ausreichend ist, sind komplexe dreidimensionale Zusammenhänge durch die zweidimensionale Darstellung schwer zu erfassen.

Eine dreidimensionale Visualisierung lässt sich durch die Darstellung als virtuelle Realität (*Virtual Reality*, VR) oder erweiterte Realität (*Augmented Reality*, AR) mit Hilfe spezieller Brillen erreichen, die für jedes Auge des Betrachters eine eigene Ansicht erzeugen. Bei der *Augmented-Reality*-Visualisierung ist zusätzlich die reale Umgebung direkt oder über ein Kamerabild sichtbar, in die die virtuelle Darstellung eingeblendet wird. Die geometrisch korrekte Positionierung der virtuellen Objekte wird durch eine Erkennung charakteristischer Merkmale der Raumumgebung oder durch Marker erreicht, aus deren Position die Position des Betrachters relativ zu ihnen berechnet wird. Auf dem flachen Display eines Tablet-Computers kann der Raumeindruck durch Bewegung des Tablets erreicht werden, wodurch die relative Positionierung von Raum und Objekten untereinander sichtbar wird. Der Einsatz von AR-Anwendungen wird in verschiedenen Einsatzszenarien diskutiert [2]; eine Anwendung zur Ultraschall-Schweißnahtprüfung von Rohren wurde implementiert [3].

Die *Augmented-Reality*-Visualisierung kann eingesetzt werden, um direkt am Bauteil die Zuordnung zerstörungsfreier Abbildungen untereinander, zur äußeren Geometrie des Bauteils und zu inneren Objekten zu erleichtern. Dabei wird das visuelle Bild des Bauteils mit virtuell erzeugten Bildern der Planungsdaten und der Abbildungsverfahren überlagert. Durch die Zusammenführung aller verfügbaren Informationen und ihre aufgabengerechte Darstellung sind aussagekräftige Analysen möglich.

Im Beitrag wird die Visualisierung von Ultraschall- und Radar-Messergebnissen in einer *Augmented-Reality*-Umgebung demonstriert. Dazu wurde eine AR-Anwendung entwickelt, in der sich das Kamerabild eines Tablets mit den Messergebnissen und den Geometriedaten eines Betontestkörpers positionsabhängig überlagern lassen. Die Anwendungsmöglichkeiten und Voraussetzungen einer *Augmented-Reality*-Visualisierung werden aufgeführt und diskutiert.

2. Testkörper und Messungen

Die *Augmented-Reality*-Visualisierung soll anhand von Ultraschall- und Radarmessungen an einem Betontestkörper mit eingebauten, praxisnahen Zielen demonstriert werden. Die Messungen wurden am Testkörper TK0901 mit punkt- und linienförmigen Objekten durchgeführt (Bild 1).

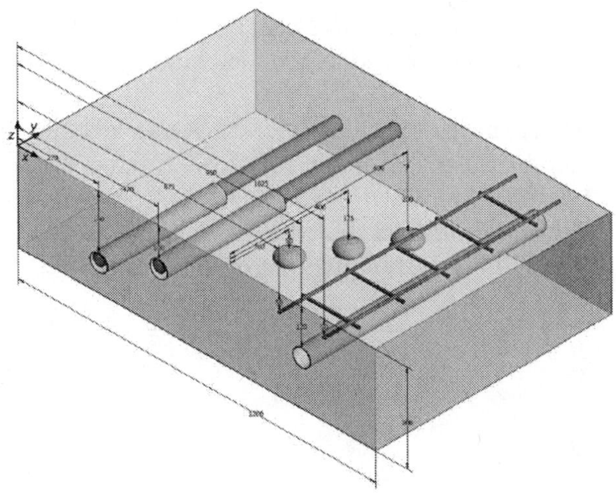

Bild 1. CAD-Zeichnung des Testkörpers TK0901

Der Testkörper ist 1,20 m x 0,80 m x 0,30 m groß und besteht aus Beton mit einem Größtkorn von 16 mm [4]. Er enthält drei Leerrohre mit Durchmessern von 69 mm bzw. 69/40 mm, drei Hohlräume (Styrodurlinsen) von 80 mm Durchmesser und einen Abschnitt mit Bewehrung von 12 mm Durchmesser und 150 mm Maschenweite.

Die Ultraschallmessungen wurden mit einem elektronisch gesteuerten Ultraschall-Prüfkopfarray mit 48 Prüfköpfen in 16 Gruppen am FLEXUS-Scanner der MFPA Weimar durchgeführt [5]. Als Messsystem wurde das Niederfrequenz-Ultraschallgerät NFUS2 des Ing.-Büros Dr. Hillger eingesetzt. Je Arrayposition wurden elektronisch taktgesteuert 120 Einzelmessungen aufgenommen, bei denen jeweils eine Wandlergruppe als Sender und die anderen als Empfänger angesteuert wurden. Für die Messungen wurde eine Apertur von 0,90 m x 0,72 m in fünf Spuren mit leichter Überlappung automatisiert gescannt; das Messraster betrug 20 mm x 20 mm (Bild 2, links). Die Messpositionen der Einzelmessungen waren aus der Scannersteuerung bekannt.

Für die Radarmessungen wurde das Radarsystem GSSI SIR-4000 mit 2,6-GHz-Antenne verwendet. Die Apertur von 1,15 m x 0,80 m wurde manuell mit Spurabständen von 50 mm aufgenommen, wobei ein Wegaufnehmer die lineare Antennenposition aufnahm (Bild 2, rechts). Zur besseren Erfassung der linienförmigen Ziele wurde die Oberfläche in Längsrichtung und mit gedrehter Antennenpolarisation in Querrichtung abgetastet.

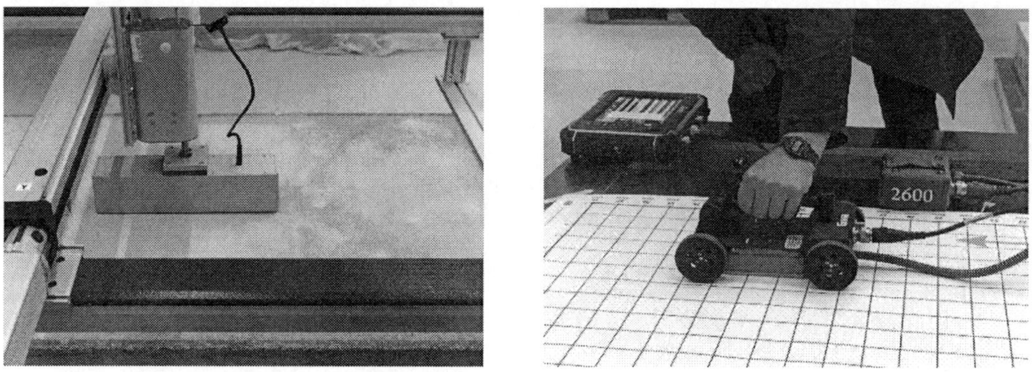

Bild 2. Messungen mit Ultraschall (links) und mit Radar (rechts) am Testkörper TK0901

Beide Messverfahren haben dreidimensionale Datenfelder zum Ergebnis. Die 120 einzelnen Ultraschallmessungen an jeder Arrayposition wurden bereits während der Messung mit dem CSAFT-Verfahren (*Combinational Synthetic Aperture Focusing Technique*, entspricht *Full Matrix Capture/Total Focusing Method*, FMC/TFM) im Programm REKONS rekonstruiert und die resultierenden Schnittbilder in das dreidimensionale Datenfeld eingetragen [6].

Das Ergebnis wurde nach Abschluss der Messung als räumliches Isoflächenbild dargestellt. In Bild 3 sind die Rückwand, alle drei Rohre und zwei der drei Hohlräume im Überblick zu sehen. Die Rückwand wird von den darüberliegenden Objekten teilweise abgeschattet. Die oberste Styrodurlinse und die Bewehrung liegen teilweise noch in der Pulseinflusszone und sind in diesem Bild nicht dargestellt.

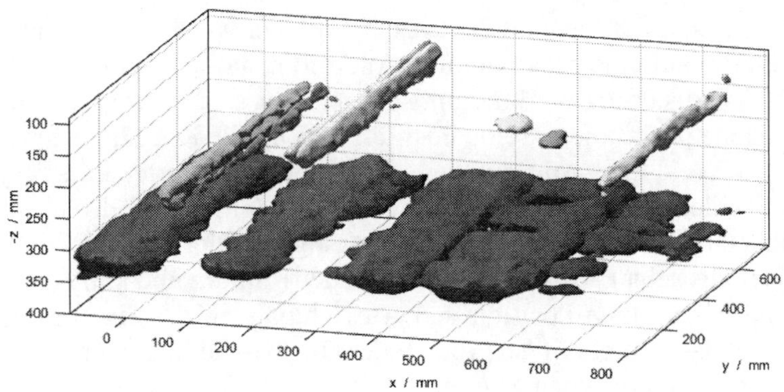

Bild 3. Darstellung der dreidimensionalen Ultraschall-SAFT-Rekonstruktion als dreidimensionale Isoflächen

Die Radarmessungen lagen nach Abschluss der Messung als 41 B-Bilder (Radargramme) vor. Sie wurden in das Programm RADAN eingelesen und dort SAFT-rekonstruiert (migriert) und dargestellt. Die Auswertung erfolgte in B- und C-Bildern. Bild 4 zeigt das C-Bild in 45 mm Tiefe, in dem die Bewehrung und der oberste der drei Hohlräume zu erkennen sind. Die Pulseinflusszone ist geringer als bei den Ultraschallmessungen, so dass auch oberflächennahe Objekt angezeigt werden können, die das Ultraschallergebnis ergänzen.

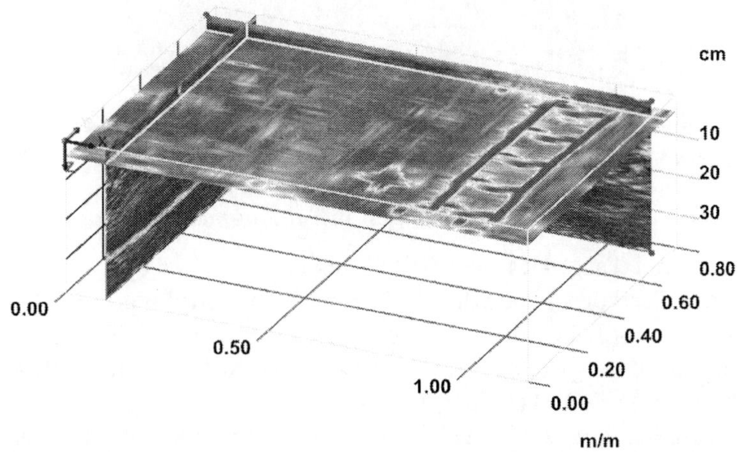

Bild 4. Darstellung der dreidimensionalen Radar-SAFT-Rekonstruktion als zweidimensionale C- und B-Bilder

3. Visualisierung durch *Augmented Reality*

Zur Visualisierung wurden die Isoflächen der Ultraschall-Darstellung als Geometriedaten exportiert. In einer 3D-CAD-Software wurden kleinere Korrekturen und Modifikationen vorgenommen und die Objekttypen separiert. Das Radar-C-Bild wurde als Bild exportiert. Die CAD-Daten des Testkörpers und der eingebauten Ziele wurden ebenfalls als Geometriedaten exportiert.

Die positionsabhängige Generierung der 3D-Szene erfolgt in einem 3D-Animationsprogramm, das über eine Erweiterung auch die Verarbeitung von optischen Markern zur Kamerapositionierung erlaubt. Als Marker wurde hier das Foto einer ebenen Kiesschüttung verwendet, was als Annäherung an eine unregelmäßige Oberflächentextur z. B. einer Betonoberfläche zu verstehen ist. Aus der gesamten Funktionalität der 3D-Darstellung inklusive

Markerverarbeitung und den geometrischen Objektdaten wurde eine Anwendungssoftware generiert, die als App auf einem Tablet unter Android installiert wurde.

Zur AR-Visualisierung wird der optische Marker an der vorgesehenen Stelle auf der Testkörperoberfläche positioniert. Seine Position koppelt die Koordinatensysteme der realen und der virtuellen Welt. Die App auf dem Tablet wird gestartet und zeigt zunächst das Kamerabild des Tablets mit dem Testkörper und dem Marker. Durch Schaltflächen können jetzt die virtuellen Objekte einzeln und überlagert eingeblendet werden. Die App erkennt den Marker, berechnet aus seiner Ansicht die Position der Kamera und kann dadurch die virtuellen Objekte in ihrer korrekten Position und Ausrichtung im dreidimensionalen Raum darstellen. Bild 5 zeigt das Tablet mit der App, in der alle Darstellungen eingeschaltet sind, über dem Testkörper mit dem optischen Marker.

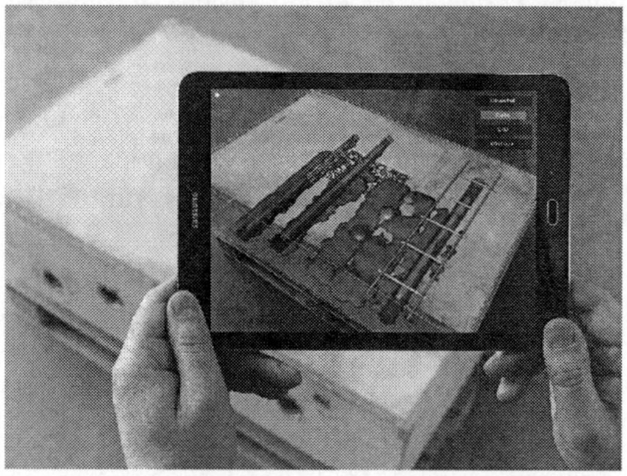

Bild 5. Visualisierung durch *Augmented Reality* mit einem Tablet:
Tablet mit der AR-App über dem Testkörper mit dem optischen Marker

Derzeit werden folgende Darstellungen in der *Augmented-Reality*-App visualisiert:

- Realbild aus der Tablet-Kamera (Bild 5 bis Bild 7)
- Umrisse des Testkörpers aus der CAD-Zeichnung (Bild 6 und Bild 7)
- Alle Objekte in Soll-Positionen aus der CAD-Zeichnung (Bild 6 und Bild 7)
- Objektanzeigen von Rückwand, Rohren und Hohlstellen in Ist-Positionen aus dem Ultraschall-CSAFT-Bild (Bild 7, links)
- Objektanzeigen von schlaffer Bewehrung und den oberflächennahen inneren Objekten aus dem Radar-Migrationsbild (Bild 7, rechts)
- Überlagerung mehrerer Einzeldarstellungen (Bild 7)

Bild 6. Screenshot der AR-App: Kamerabild des Testkörpers mit CAD-Zeichnung

Bei Bewegung oder Drehung des Tablets folgt die Ansicht der Kameraposition, so dass der geometrische Zusammenhang zwischen der äußeren und der inneren Ansicht der Objekte gewahrt bleibt. Dadurch wird ein direkter Soll/Ist-Vergleich von Planungsdaten und Messergebnissen möglich. Das Display des Tablets eröffnet so quasi ein Sichtfenster ins Innere des Bauteils.

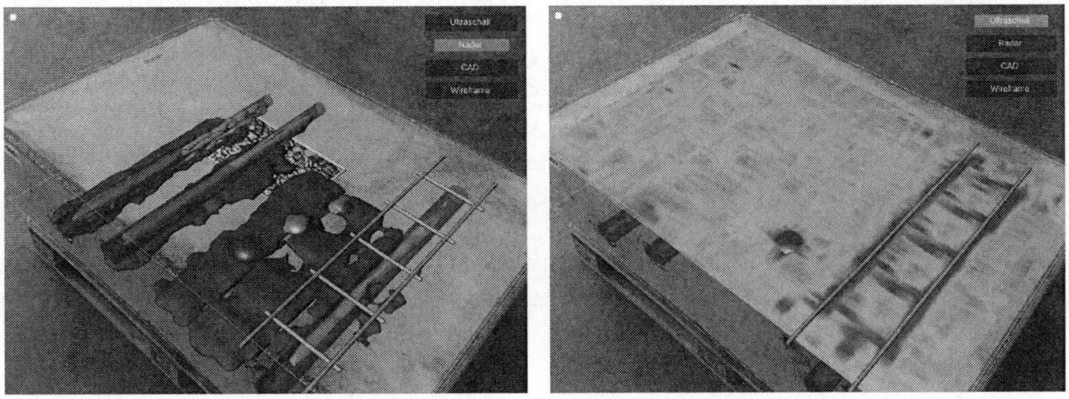

Bild 7. Screenshot der AR-App: Überlagerung der der CAD-Zeichnung mit den Objektanzeigen aus dem Ultraschall-CSAFT-Bild (links) und Überlagerung der der CAD-Zeichnung mit dem Radar-Migrationsbild der Bewehrungsebene (rechts)

4. Anwendungsmöglichkeiten

Der Zusatznutzen einer Visualisierung von Messergebnissen als *Augmented Reality* gegenüber einer zweidimensionalen Darstellung auf einem Computermonitor besteht vor allem darin, die Interpretation der Daten im Kontext der realen, dreidimensionalen Objektumgebung zu ermöglichen und die Eigenschaften des untersuchten Objektes in seinen Zusammenhängen und Abhängigkeiten erkennen zu können. So können Planungsdaten und Messergebnisse in ihrem geometrischen Kontext dargestellt und mit Zusatzinformationen z. B. zu ihrer Funktionalität angereichert werden. Damit ist ein direkter Soll-Ist-Vergleich möglich, und auch das Ergebnis der zerstörungsfreien Prüfung, also die Erfüllung der Anforderungen, lässt sich als Zusatzinformation einblenden.

Mögliche Inhalte einer *Augmented-Reality*-Darstellung eines Prüfobjektes sind (vergleiche Bild 5 bis Bild 7):

- Realbild
  Visuelle Außenansicht des Prüfobjektes, hier durch Tablet-Kamera
- Referenzpositionen
  Geometriemerkmale des Prüfobjektes wie Kanten bzw. zusätzliche Marker
- Planungsdaten
  Objektgeometrie aus CAD-Zeichnung, ggf. weitere Daten wie Bezeichnung, Material-, Technologie- und Einbauparameter
- Messergebnisse bildgebender Verfahren
  Objekt-, Geometrie- und Fehleranzeigen, ggf. aus verschiedenen Verfahren
- Abstrahierte geometrische Daten
  Resultat einer manuellen oder automatisierten Interpretation der Messergebnisse, z. B. registrierpflichtige Anzeigen, erkannte Fehler, Objekte oder Einbauteile, katalogisierte Merkmale
- Zusatzinformationen
  Bezeichnungen, Position im Koordinatensystem, Angaben aus dem Prüfprotokoll

- Monitoring-Daten
  Verknüpfung mit Online-Daten aus im Prüfobjekt eingebauten Sensoren
- Simulationsdaten
  Simulationen der bildgebenden Messungen, von Spannungszuständen o. ä.
- Prozessierte Daten
  Ergebnisse einer Weiterverarbeitung und Kombination von Messergebnissen, z. B. Zuverlässigkeit der Messergebnisse, Ausfallwahrscheinlichkeit, Zustandsnote

Die Anwendung einer *Augmented Reality*-Visualisierung erscheint insbesondere bei Prüfobjekten sinnvoll, die groß oder komplex aufgebaut sind oder die im Verlauf ihres Lebenszyklusses wiederholt oder mit mehreren Verfahren geprüft werden (Bild 8). Dies trifft z. B. für Prüfobjekte aus der Luft- und Raumfahrttechnik (Flugzeug, Raketenteile) oder dem Bauwesen (Stahlbetonbrücke) zu. Hier stößt die zweidimensionale Darstellung auf Computermonitoren an ihre Grenzen. Eine Visualisierung als *Virtual Reality* hat ähnliche Vorteile, bezieht jedoch das Prüfobjekt nicht in die Darstellung mit ein.

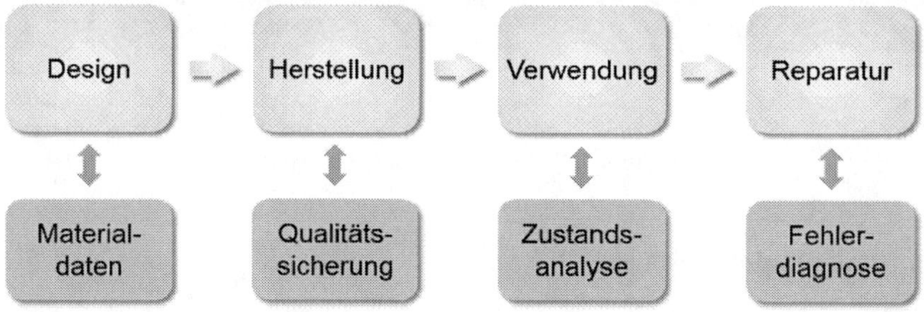

Bild 8. Anwendung zerstörungsfreier Prüfverfahren im Lebenszyklus eines Bauteils

Inhalt und Art der Visualisierung sollten an das Ziel der Auswertung angepasst werden. So können unterschiedliche Darstellungen desselben Datenmaterials sinnvoll sein, indem einzelne Inhalte ausgeblendet oder unterschiedlich komplex dargestellt werden, je nachdem, ob Prüfspezialisten oder Wartungspersonal die Visualisierung nutzen.

Die integrierte Darstellung von Prüfobjekt, Planungsdaten und Messergebnissen kann die Planung und Ausführung von Inspektions- und Wartungsarbeiten an komplexen Prüfobjekten unterstützen. Dies gilt vor allem bei wiederkehrenden Prüfungen im Rahmen eines fortlaufenden Qualitätsmanagements. Die Diskussion mehrerer Personen z. B. über Schadensursachen vor Ort wird erleichtert, dabei kann die plastische Darstellung die Zugänglichkeit und Interpretierbarkeit der Ergebnisse für fachfremde Personen verbessern. Auch ein Einsatz in der Ausbildung von Prüfpersonal ist denkbar.

5. Voraussetzungen für die Anwendung

Die Visualisierung von Ergebnissen als *Augmented Reality* erfordert die Zusammenführung und Darstellung von Daten aus verschiedenen Quellen. Dazu ist ein technischer und administrativer Rahmen notwendig, der die folgenden Komponenten beinhaltet:

- Datenbank
  Gemeinsame Datenbank aller Inhalte mit Schnittstellendefinition, Datenmanagement, geregeltem Zugriff und langfristiger Wartung
- Datenformate
  Einheitliche, angepasste, herstellerübergreifende Datenformate für alle Inhalte inklusive der Geometriedaten

- Koordinatensystem
  Konsistentes Koordinatensystem für das gesamte Prüfobjekt, ggf. Sub-Systeme für einzelne Bauteile. Definition von Referenzmerkmalen und Einmesspunkten
- Gesamtansicht
  Gesamtansicht der äußeren Form und der inneren Objekte aus CAD-Zeichnung oder optischen Scannern
- Mess-, Simulations- und Auswertungsergebnisse
  Ergebnisdaten in kompatiblen Datenformat mit Zusatzinformationen zu Messverfahren, Aufbereitung, Bildgebung und Darstellung
- Orientierung im Raum
  Bestimmung der Position des Betrachters aus der äußeren Objektgeometrie, aus Markern, mit GPS oder mit Hilfe von Sensoren
- Software
  AR- und VR-Visualisierungssoftware, Softwarewerkzeuge zur Datenaufbereitung und Integration in die Datenbank

Die Nutzung von datenbankbasierten Inhalten setzt die Zuverlässigkeit der darin enthaltenen Informationen voraus. Über Art und Inhalt der Darstellungen müssen objektive Vereinbarungen in Richtlinien oder Normen getroffen werden. Es sollten nur anerkannte Mess- und Auswerteverfahren verwendet werden, die ggf. zu validieren sind. Die ausführenden und interpretierenden Prüfer sollten nach anerkannten Standards ausgebildet werden, um eine einheitliche Interpretation und Bewertung der Messdaten sicherzustellen.

6. Zusammenfassung und Ausblick

Im Beitrag wird die *Augmented-Reality*-Visualisierung von Ultraschall- und Radar-SAFT-Rekonstruktionen demonstriert, die an einem Betontestkörper mit inneren Objekten gemessen wurden. In einer AR-Anwendung wird das Kamerabild eines Tablets mit der dreidimensionalen Ultraschall- und der zweidimensionalen Radarabbildung des Inneren des Bauteils (Ist-Daten) und der 3D-Geometrie des Testkörpers und der Einbauteile (Soll-Daten) ortsrichtig überlagert. Die Geometrien der zerstörungsfreien Abbildungen wurden aus der Scannerposition bei der Ultraschallmessung bzw. durch ein Messrad bei der Radarmessung generiert. Die Datensätze können einzeln zugeschaltet oder überlagert werden, wobei sich die unterschiedlichen Abbildungsbereiche des Ultraschall- und des Radarverfahrens ergänzen. Der geometrische Zusammenhang zwischen der äußeren und der inneren Ansicht bleibt bei Änderung der Tablet-Position gewahrt, so dass das Tablet-Display wie ein Sichtfenster ins Innere des Bauteils wirkt.

Die Anwendung der *Augmented-Reality*-Visualisierung bietet sich vor allem bei komplexen Bauteilen, beim Ergebnisvergleich mehrerer Prüfverfahren und bei der Qualitätssicherung im Rahmen eines Lebenszyklusmanagements an. Ziel ist es, zerstörungsfreie Abbildungen von Geometrien, Einbauteilen und Fehlstellen direkt am Bauteil verfügbar zu machen und mit Zusatzinformationen anzureichern, um die Ergebnisse vor Ort einordnen zu können, räumliche und inhaltliche Zusammenhänge sichtbar zu machen und die Interpretation zu vereinfachen.

Aktuelle Weiterentwicklungen betreffen die Verwendung von Objektgeometrie und Objekttextur als Referenzmerkmale für die Positionsbestimmung [7] sowie die Verwendung einer *Augmented-Reality*-Brille in Ergänzung zum Tablet.

Danksagung

Die Autoren danken den Herren Alexander Ulanov und Bernd Müller von der MFPA Weimar sowie Herrn Felix Kremp von der Bauhaus-Universität Weimar für ihre Unterstützung bei den Messungen, der Auswertung und der Implementierung der AR-App.

Referenzen

[1] Extende: CIVA in a few words. http://www.extende.com/civa-in-a-few-words (abgerufen am 25.02.2019)

[2] Dini, G.; Dalle Mura, M.: Application of Augmented Reality Techniques in Through-life Engineering Services. In: 4th Int. Conf. on Through-life Engineering Services 2015, Cranfield, UK, November 3–4, 2015. *Procedia CIRP* 38 (2015), pp. 14–23

[3] Applus+ RTD: Augmented Welding Inspection. http://www.twnkls.com/items/applus-rtd-weld-inspection-using-ar (abgerufen am 05.03.2018)

[4] Schickert, M.; Hillger, W.: Erste Messergebnisse mit dem scannenden Ultraschall-Multikanal-Mess- und Abbildungssystem FLEXUS für Betonbauteile. In: *DGZfP-Jahrestagung*, Erfurt, 10.–12.5.2010. Berlin: Deutsche Gesellschaft für Zerstörungsfreie Prüfung (DGZfP), 2010, S. 1–9

[5] Schickert, M.: Ultraschall-Abbildungsverfahren – Neue Entwicklungen beschleunigen den Einsatz. In: *Bauwerksdiagnose*, Berlin, 18.–19.2.2010. Berlin: Deutsche Gesellschaft für Zerstörungsfreie Prüfung (DGZfP), 2010, S. 1–11

[6] Schickert, M.: Vergleich verschiedener SAFT-Verfahren bei der Ultraschall-SAFT-Rekonstruktion von Betonbauteilen. In: *DGZfP-Jahrestagung*, Dresden, 6.–8.5.2013. Berlin: Deutsche Gesellschaft für Zerstörungsfreie Prüfung (DGZfP), 2013, S. 1–11

[7] Koch, C.; Neges, M.; König, M.; Abramovici, M.: Natural Markers for Augmented Reality-based Indoor Navigation and Facility Maintenance. *Automation in Construction* 48 (2014), pp. 18–30

Synthetische Aperturfokussierung für die Terahertzspektroskopie

Jörg BECKMANN [1], Holger SPRANGER [1]
[1] Bundesanstalt für Materialforschung und -prüfung (BAM), Berlin
Kontakt E-Mail: joerg.beckmann@bam.de

Kurzfassung. Die zeitaufgelöste THz-Spektroskopie (THz-TDS) operiert mit elektromagnetischen Impulsen, die ein Amplitudenspektrum im unteren THz-Bereich aufweisen. Die THz-TDS ist in der Lage, dielektrische Volumina zerstörungs- und kontaktfreie zu durchstrahlen. Um eine 3D-THz Bildung zu ermöglichen, wurde für die THz-TDS ein rechnergestütztes Mess- und Rekonstruktionsverfahren (THz-TD-SAFT) entwickelt, mit dem es gelingt, unter Verwendung der im Zeitbereich registrierten THz-TDS-Daten das Volumeninnere in Form eines dreidimensionalen Tomogramms zu rekonstruieren. Die THz-TD-SAFT basiert auf die für die Ultraschalltechnik entwickelte Synthetische Apertur Fokussierung (SAFT) bzw. des heuristisch begründeten Algorithmus des Synthetischen Apertur Radars (SAR). Anhand von Beispielen wird die Möglichkeiten der THz-TD-SAFT demonstriert und nachgewiesen, dass mit dem Rekonstruktionsansatz die künstlich eingebauten Fehlstellen bezüglich der Position und Größe geometrisch richtig im Tomogramm abgebildet werden können.

Einführung

Um den sicheren Betrieb von Bauteilen oder Anlage während des festgelegten Nutzungszeitraumes zu gewähren, werden heutzutage sowohl im Herstellungsprozess als auch während des Dauerbetriebes oder nach zeitlich festgelegten Inspektionsintervallen zerstörungsfreie Prüfungen durchgeführt. Das bei der jeweiligen Prüfung verwendete ZfP–Verfahren wird in der Praxis durch das zu untersuchende Material, den als notwendig nachzuweisenden Fehler und den vorliegenden Prüfbedingungen bestimmt. Sind oberflächennahe Fehler nicht von Interesse, dann werden Verfahren benötigt, die ein Messprinzip nutzen, mit dem Fehler im untersuchten Objektvolumen nachgewiesen werden können. In der Industrie weit verbreitete Volumenverfahren sind z.B. die Ultraschallprüfung (UT), die Mikrowellenprüfung und die röntgenographische Durchstrahlungsprüfung (RT). Prinzipiell nutzen diese Verfahren die Wechselwirkung akustischer bzw. elektromagnetischer Wellen mit den im Volumen vorliegenden Materialien. Die zeitaufgelöste THz-Spektroskopie (THz-TDS) operiert mit elektromagnetischen Impulsen, die ein Amplitudenspektrum im unteren THz-Bereich aufweisen. Sie ist demzufolge für zerstörungs- und kontaktfreie Durchstrahlung von dielektrischen Volumina prinzipiell geeignet. Untersucht man mit Hilfe der THz-TDS das Transmissions- bzw. Reflexionsverhalten von dielektrischen Probekörpern, so können anhand der empfangenen zeitaufgelösten Signale der elektrischen Feldstärke aus dem Amplituden- und

Laufzeitverlauf (A-scan) Anzeigen beobachtet werden, die aufgrund von z.B. Rissen, Poren oder Materialinhomogenitäten im Probenvolumen entstanden sein können [z.B. 1,2]. Die einfache Abtasttechnik bietet den Vorteil, dass Probenvolumen relativ schnell untersucht werden können. Bei einem fest vorgegebenen Detektionslevel sind Anzeigen zuverlässig zu detektieren und können anhand der Abtastposition dem Ort an der Bauteiloberfläche zugeordnet werden. Die mit der Suchtechnik gefundenen Anzeigen liefern jedoch zumeist unzureichende quantitative Aussagen bezüglich des Fehlers selbst, gerade dann wenn es sich um komplexe Bauteile, komplizierte Fehlergeometrien oder ungünstige Fehlerlagen sowie komplexe Materialeigenschaften und –kombinationen handelt. Wird eine zuverlässige Aussage zur Form, Größe, Lage und Art der im Probenvolumen gefundenen Defekten gefordert, dann sind analytische Messverfahren notwendig, mit denen es möglich ist, unter Verwendung der registrierten Daten das Volumeninnere in Form eines dreidimensionalen Tomogramms zu rekonstruieren. Naheliegend ist die Nutzung der in der Computertomographie (CT) seit langem bekannten Rekonstruktionsalgorithmen. Genauere Untersuchungen zeigen jedoch, dass bei der Verwendung der THz-Strahlung nur in wenigen Fällen die Verwendung des in der CT vorliegenden Algorithmus der gefilterten Rückprojektion zu einem artefaktfreien Tomogramm des untersuchten Objektes führt [3]. Andererseits gibt es einen ständig wachsenden Bedarf an eine zuverlässige 3D THz-Bildgebung. Es müssen demzufolge Prozeduren entwickelt werden, mit dessen Hilfe es möglich ist, die dreidimensional vorliegenden räumlich verteilten Variationen der optischen Eigenschaft im untersuchten Objektinhalt zu detektieren und anhand der gesammelten Daten als 3D-Tomogramme zu rekonstruieren. Ein Ansatz ist die Übertragung der bei der Ulltraschallprüfung genutzten Theorie der inversen Streuung zur 3D-Bildrekonstruktion mit Hilfe der Synthetischen Apertur Fokussierungstechnik (SAFT) bzw. des heuristisch entwickleten Aperturradars (SAR). Die mit einem Femtosekundenlaser optisch gepumpten THz-TDS Systeme sind seit langem konventionell verfügbar und es stellt sich die Frage, in welchem Umfang diese Systeme für die 3D Bildgebung geeignet sind? Im Vergleich dazu existieren vollelektronische frequenzmodulierte Dauerstrichsysteme (FMCW-Systeme), die im oberen GHz-Bereich operieren und mit denen die Möglichkeiten der THz-3D Bildgebung unter Ausnutzung der SAR Technik bereits nachgewiesen werden konnte [4].

Die Synthetische Apertur Methode

Elektromagnetische Wellen können bei der Durchdringung eines Objektes eine Amplituden- und Phasenänderung erfahren, die in einem direkten Zusammenhang mit den dielektrischen Objekteigenschaften stehen. Liegt im untersuchten Objekt infolge der Defekte eine Brechungsindexverteilung vor, so entstehen Streuwellen an den Orten, wo das eingestrahlte Feld mit den räumlich verteilten Brechungsindexunterschieden (Objektfunktion) wechselwirkt (siehe Abbildung 1). Die Beugungstomographie (auch als Diffractions Tomography bezeichnet) ist in der Literatur theoretisch umfassend beschrieben worden [z.B. 5]. Mit Hilfe der skalaren Beugungstheorie kann unter Nutzung der Bornschen oder Kirchhoffschen Näherung das Streuproblem linearisiert und die Objektfunktion mit Hilfe der Lösung des inversen Problems [3,5] berechnet werden [z.B. 6]. Eine vereinfachte Betrachtung der Ergebnisse verdeutlicht vor allem bei einer heuristischen Betrachtung, dass unter Verwendung der bekannten Gleichung zur Wellenausbreitung und des Huygens-Prinzips durch die Rückprojektion der empfangenen Amplituden- und Phasensignale die Berechnung der Objektfunktion möglich wird, wenn das Streufeld eines Defektes entlang einer ihm umgebenen geschlossenen Oberfläche (O_s) detektiert worden ist [7].

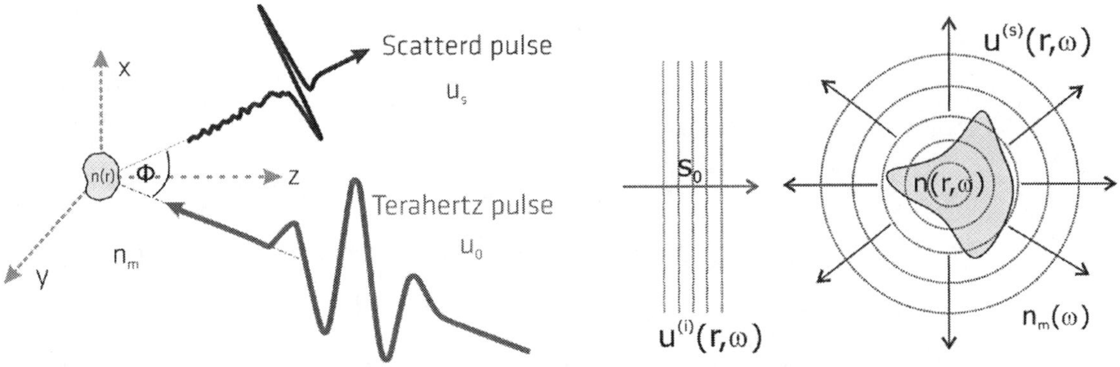

Bild 1: Streufeld, das durch das einfallende E-Feld an einer Brechzahlheterogenität verursacht wird.

Das Ergebnis ist identisch mit dem in der Radartechnik verwendeten SAR Ansatzes [8] bzw. der beim Ultraschall eingesetzten SAFT-Rekonstruktion [9]. In der Praxis gelingt es nur in den seltensten Fällen, eine 360° Datenerfassung um den Defekt zu realisieren. Gewöhnlich ist der abzutastende Bereich (Scanbereich) eingeschränkt, was zur Folge hat, dass Defekte nur innerhalb der erfassten Apertur abgebildet werden können. Bezüglich der Positionierung der Sendeantenne zur Erzeugung des einfallenden Feldes gibt es selbst bei einer eingeschränkten Apertur theoretisch betrachtet keinerlei Beschränkungen. Wie im Bild 2 verdeutlicht, sind beim Abscannen entlang der Detektionsoberfläche (O_s) zum Beispiel feste Sende- und flexible Empfängerpositionen oder gleichzeitig veränderliche Positionsführung der Antennen möglich. Um die Zahl der bestrahlten Defekte im Probeninneren zu maximieren, sollten Messkonfigurationen gewählt werden, mit denen es gelingt das Probeninnere idealerweise vollständig auszuleuchten.

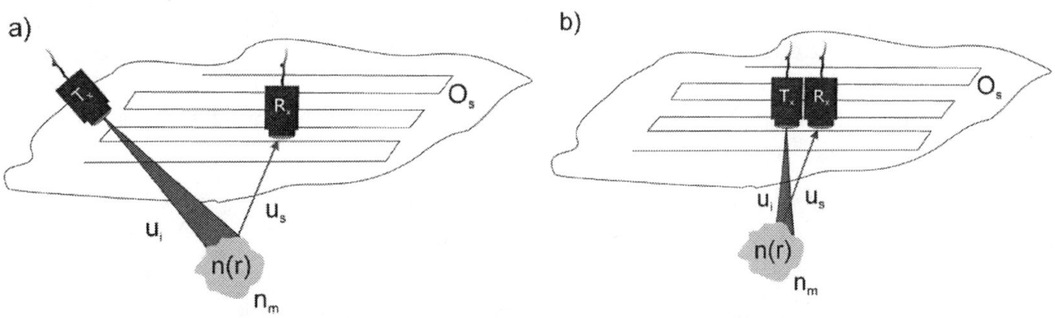

Bild 2: Beispiele für Positionsmöglichkeiten der Sende (T_x)- und Empfangsantenne (R_x) während einer mäanderförmigen Abtastung eines Defektes entlang der Detektionsoberfläche O_s. a) T_x ist fest positioniert und R_x wird entlang des Scan-Profils bewegt (bistatisch). b) Die T_x/R_X Einheit als Ganzes wir entlang des Scan-Profils bewegt (monostatisches Prüfverfahren).

Erfassung der Messdaten

Voraussetzung für die SAFT-Rekonstruktion sind die Datenerfassung der zeitabhängigen Amplitudenverläufe (A-Scan) in einem experimentell vorgegebenen Zeitintervall [t_0 , t_{max}] (siehe Bild 3). Die Daten müssen an den jeweiligen Scanpositionen u_i entlang einer Linienabtastung (oder auch Flächenabtastung) im Bereich der experimentell vorgegebenen Apertur aufgenommen und gespeichert werden. Die entlang der Scanlinie gespeicherten Daten können anschließend zu einem B-Scan-Bild $Y(u_i,t)$ zusammengefügt werden, um mit dessen Hilfe Amplitudenwerte in Abhängigkeit von der Scanposition und der Zeit sich anzeigen zu lassen.

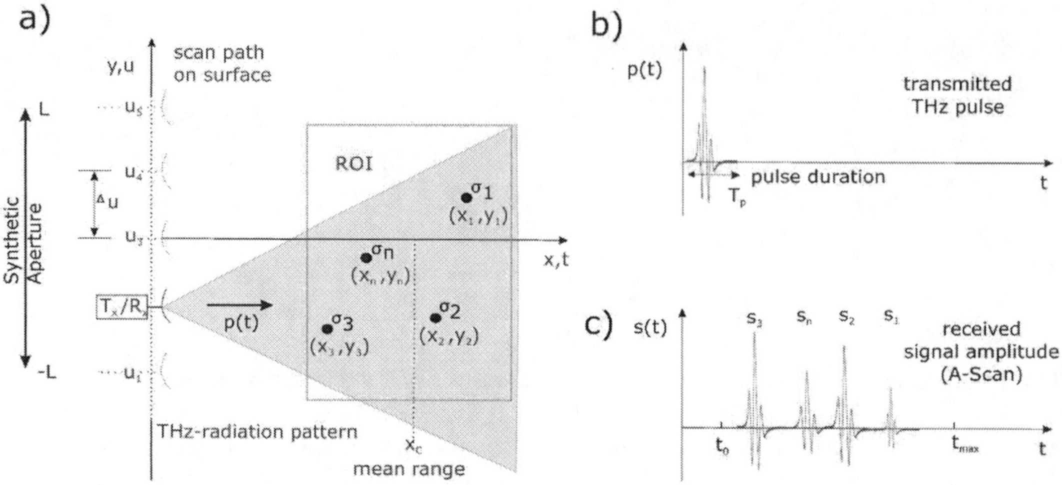

Bild 3: Zweidimensionale schematische Darstellung der für die SAFT-Rekonstruktion (Bildgebung) benötigten Systemgeometrie (a), die zeitlichen Amplitudenverläufe des gesendeten THz-Impulses (b) und der anschließend empfangenen unidirektional rückgestreuten Signale der Punktstreuer für eine monostatische Empfänger/ Senderkonfiguration an der Position u_2 (c).

Rekonstruktion

Um die Verteilung der punktförmigen Streuer (Objektfunktion) innerhalb der untersuchten Auswerteebene (oder -volumen) bildgebend zu rekonstruieren, bedarf es der Nutzung der detektierten Laufzeitdaten und eines Rekonstruktionsverfahrens. Ein relativ einfach in der Zeitdomäne zu bewerkstelligendes Verfahren ist die SAFT-Rekonstruktion bzw. der beim Radar eingesetzte Rückprojektionsalgorithmus. In beiden Fällen muss die im Material liegende Rekonstruktionsebene oder -volumen (ROI) in Pixel bzw. Voxel (Reflexionsorte) unterteilt werden. Die Rekonstruktionsvorschrift bei einem Linienscan erfolgt in Anlehnung an dem in Bild 3 gezeigten Versuchsaufbau entsprechend der Gleichung 1.

$$O(x_i, y_j) = \int s(t_{ij}, u)du \qquad (1)$$

$$\text{mit } t_{ij}(u) = \frac{2}{c} \cdot \sqrt{x_i^2 + (y_j - u)^2} \qquad (2)$$

c ist die Ausbreitungsgeschwindigkeit der THz-Welle im jeweiligen Medium bzw. Material. Die Objektfunktion ist das Ergebnis aus der Superposition der im B-Scan sichtbaren hypothetischen Laufzeitparabeln. Das rekonstruierte Skalar $O(x_i,y_j)$ am Bildpunkt $P(x_i,y_j)$ ist im Prinzip das Ergebnis einer rechnerischen kohärenten Überlagerung der zeitverschobenen empfangenen THz –Signale $S_n(t)$ aller T_X/R_X Positionen u_n innerhalb der synthetischen Apertur {-L, L}. Die berechnete Interferenz ergibt eine optimale skalare Reflektivitätsgröße O, wenn tatsächlich ein Streuer am Ort des jeweiligen Bildpunktes $P(x_i,y_j)$ existiert. Die für die jeweiligen u_n berechneten Zeitverschiebungen τ_n lassen sich für die in Bild 3 dargestellten Situation bei Kenntnis der Position x_i in Bezug auf $P(x_i,y_j)$ entsprechend der Gleichung (3) wie folgt normieren.

$$\tau_n = \frac{2}{c} \cdot \left(\sqrt{x_i^2 + (y_j - u_n)^2} - x_i \right) \qquad (3)$$

THz-TDS-Diffraktionstomographie

Experiment

Zur Ermittlung der Möglichkeiten für die SAFT wurde das fasergekoppelte THz-TDS System T-Ray 2000 von der Firma Picometrix eingesetzt. Polyethylen-Linsen können optional in den Strahlengang eingebracht werden, um bei Bedarf eine Strahlenfokussierung zu ermöglichen. Zusätzlich ist die THz-TDS-Einheit mit einem Drehtisch und einem X-Y-Tisch ausgerüstet, um das zu untersuchende Material oder die zu untersuchenden Testkörper winkel- und ortsabhängig für eine beliebig vorgegebene Sender- / Empfängerposition optisch abtasten zu können. Um das Time–Domain-THz-SAFT-Rekonstruktionsverfahren bewerten zu können, sind selbst entwickelte zylindrische Testkörper mit eingebrachten Fehlstellen hergestellt worden. Das Grundmaterial besteht aus Polyethylen hoher Dichte (HDPE). Da die THz-TDS Messung die Laufzeit und Amplitude eines Impulses messen kann, ist es möglich, unter Zuhilfenahme der Fourier-Transformation den komplexen Brechungsindex des verwendeten Materials zu bestimmen. HDPE weist, wie im Bild 4 gezeigt, nur eine geringe Absorption in der Transmissionskonfiguration auf. Der Realanteil des Materials kann im verwendeten THz-Bereich für die weiteren Berechnungen als konstant angenommen werden.

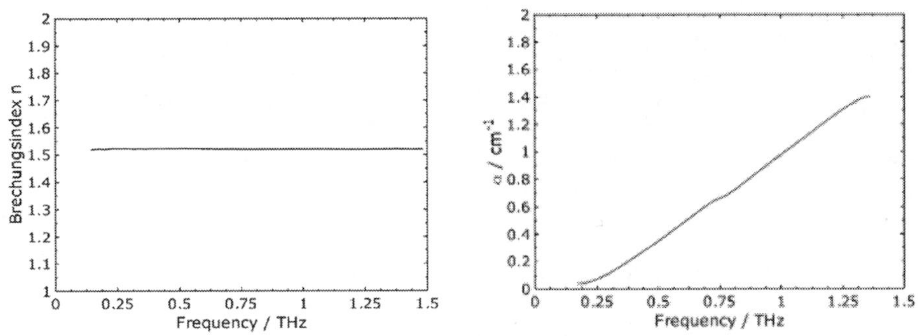

Bild 4: Realanteil des Brechungsindexes (links) und das Absorptionsverhalten (rechts) von HD-Polyethylen.

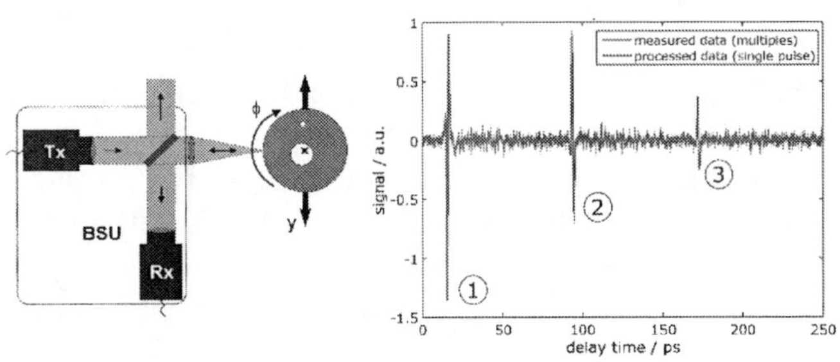

Bild 5: Schematische Darstellung der BSU (links). Die von der BSU erzeugten Mehrfachreflexionen (2,3) können anhand einer Goldspiegeloberfläche ermittelt und anschließend durch eine daraus ermittelten Entfaltungsprozedur beseitig werden (rechts).

Zur Optimierung der Abtastung von zylindrischen Testkörpern, wurde eine in Bild 5 schematisch gezeigte Strahlteiler-Einheit verwendet (BSU). Die Messkonfiguration bietet mehrere Vorteile. Sender und Empfänger sind zu einer monostatischen Abtasteinheit zusammengefügt. Die Abtastung zylindrischer Objektoberflächen kann in Richtung der Flächennormale während der Drehung des Testkörpers durchgeführt werden. In diesem Fall beträgt der Einstrahlwinkel null Grad in Bezug zur Flächen-Normale. Die vor dem Strahlteiler angebrachte Sammellinse fokussiert den parallelen Strahlengang zu einem Punkt mit bekannter Phasenfront auf die Probenoberfläche. Der Fokuspunkt beschreibt die für SAFT-Rekonstruktionen benötigte virtuelle Detektor-Empfänger-Position und ermöglicht zudem die optimale Ausleuchtung des Zylinderinneren. Nachteilig bei der Nutzung des BSU erweisen sich die am Beamsplitter erzeugten Vielfachreflexionen (Bilder 5,6), die nach dem Scannen aus dem A- oder B-Scan mit der vorher mit Hilfe eines Goldspiegels ermittelten Entfaltungsvorschrift herausgerechnet werden müssen. Eine computergestützte Versuchsdurchführung ermöglicht die Detektion der Laufzeit und Amplitude der reflektierten Impulse (A-Scan) während der Abtastung bei einer experimentell vorgegebenen Probenpositionierung.

THz-Time-Domain-SAFT-Rekonstruktion

Bild 6 zeigt das B-Bild eines PE-Testkörpers mit künstlich eingebrachten metallischen Fehlstellen nach einem THz-TDS-Scan. Voraussetzung für die oben beschriebene Rekonstruktion mit Hilfe des Backprojection Algorithmus sind die experimentell ermittelten Laufzeiten in Abhängigkeit von der Positionierung des THz-Fokus auf der Zylinderoberfläche. Zur Verringerung der Artefakte in den rekonstruierten Tomogrammen werden die in der BSU verursachten Vielfachreflexe mit Hilfe einer Filterung im Fourierraum herausgerechnet.

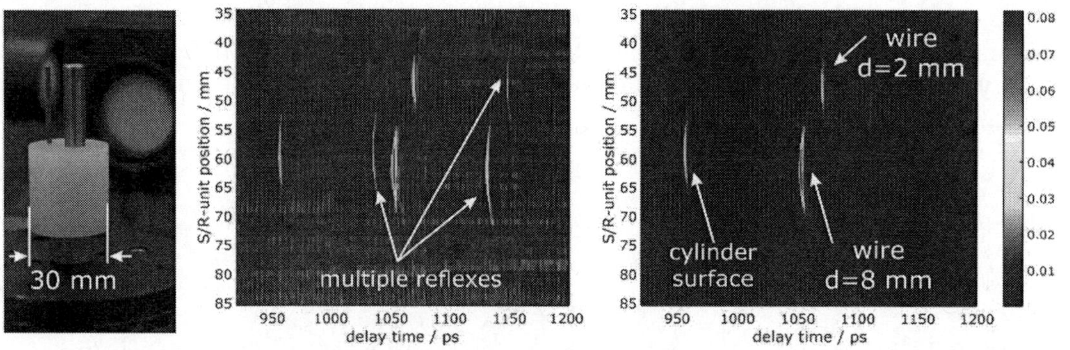

Bild 6: Nach der optischen Abtastung des Testzylinders (links) erhält man einen B-Scan (mitte) der wegen der in der BSU verursachten Mehrfachreflexe korrigiert werden muss (rechts).

Die Verwendung der Rekonstruktionsvorschrift in Gleichung 1 geht von der Wellenausbreitung in einem homogenen Medium aus. Im Gegensatz zum Ultraschall, wo die Signalerzeugung und der –empfang auf der Volumenoberfläche stattfindet, durchläuft der Impuls bei der THz-TDS-Abtastung im Fall der in Bild 6 gezeigten Situation zwei Medien mit unterschiedlichen Brechungsindizes (n_{Luft}=1, n_{HDPE}=1.53). Damit sind die Laufzeiten der elektromagetischen Wellen im Rekonstruktionsraum nicht konstant. Die Laufzeittabelle als Funktion der Scanposition muss für die Rückprojektion modifiziert werden. Ein Ansatz ist die Nutzung der Fast Marching Methode (FMM) [9]. Die FMM ist ein Algorithmus zur Lösung der Eikonal Gleichung, mit der jedem Punkt im Ortsraum die benötigte Laufzeit der elektromagnetischen Welle und Ausbreitungsgeschwindigkeit entsprechend Gleichung 4 zugeordnet werden kann.

$$|\nabla \cdot T(x,y)| \cdot C(x,y)=1 \qquad (4)$$

T(x,y) ist eine Funktion mit der für jeden Ortspunkt P(x,y) die Laufzeit der elektromagnetischen Welle zugeordnet wird. C(x,y) ist die vom Brechungsindex bestimmte ortsabhängige Ausbreitungsgeschwindigkeit. Ein anderes für seismische Daten entwickeltes Konzept ist die Berechnung einer mittleren Quadratischen Ausbreitungsgeschwindigkeit anhand der vorherigen Schichtenanalyse (Root Mean Square velocity- RMS). Nach der Laufzeitkorrektur in den B-Bildern modifiziert sich die Berechnung der Ortsfunktion entsprechend der Gleichung (5)

$$O(x_i, y_j) = \int s\left(t_{mean_{ij}}, u\right) du \qquad (5)$$

Die für die Ultraschallmesstechnik [10] entwickelten Algorithmen der Phase Shift Migration (PSM) oder Multilayer Stolt Migration (MULOK) sind rein formal auch für die THz-SAFT-Rekonstruktion geeignet. Die Korrekturverfahren sind jedoch nur im Frequenzraum anwendbar, was die Fourier Transformation und anschließende inverse Fourier Transformation der korrigierten Daten zur Bestimmung der Ortsfunktion erforderlich macht. Generell sind Rekonstruktionen der Ortsfunktion auch innerhalb des Frequenz- und/oder inversen u-Raumes möglich [z.B. 11,12].

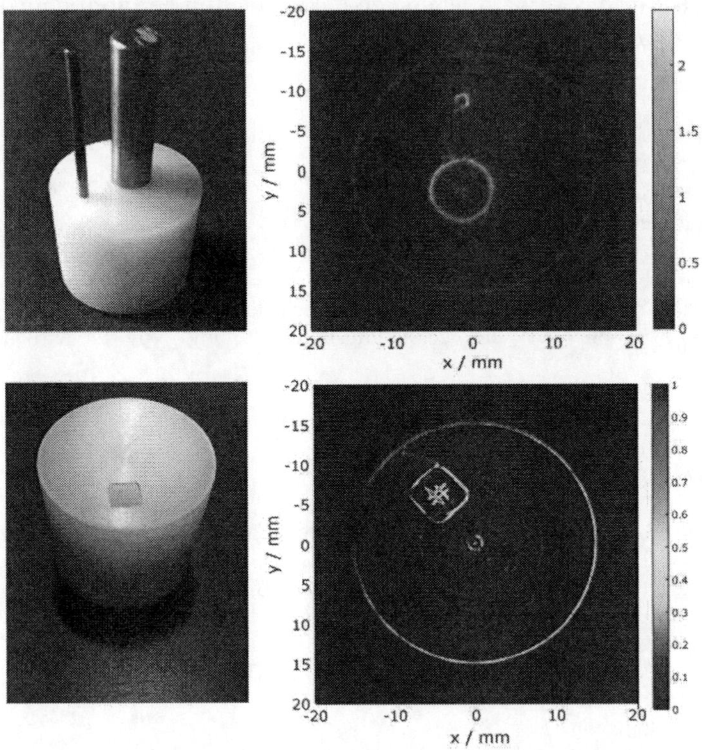

Bild 7: Schnittbilder von rekonstruierten Tomogramme (rechts) die nach dem Scan von zwei repräsentativen Testzylindern aus 72 unterschiedlichen Winkelpositionen rekonstruiert wurden.

Bild 7 zeigt aus der SAFT-Rekonstruktion berechnete Tomogramme für zwei repräsentative Testobjekte. Die photographischen Aufnahmen der Zylinder werden in Bild 7 links oben und unten gezeigt. Sie bestehen aus einer HDPE Matrix, in der Fehlstellen künstlich eingebracht wurden. Beim oberen Testkörper wurden Metallstäbe mit unterschiedlichen Dicken eingebaut (siehe auch Bild 6). Im in Bild 7 unten gezeigten Zylinder befindet sich eine quaderförmige Leerstelle. Beide rechts im Bild präsentierten Tomogramme zeigen die Dimensionen der Fehlstellen richtig an. Die jeweiligen Fehlstellen in der PE Matrix unterscheiden sich optisch gesehen grundsätzlich. Die eingebrachten Drähte reflektieren das THz-Signal vollständig an ihren Oberflächen und die THz-Strahlung ist innerhalb der Fehlstelle vollständig blockiert. Im Gegensatz zum Fehler aus Metall, wird an den Material-Loch-Übergängen in der anderen Testprobe nur ein Teil der einfallenden Strahlung reflektiert und gebrochen. Der gebrochene Strahl kann die Leerstelle und das dahinterliegende Grundmaterial weiterhin durchdringen. An der Rückseite des quaderförmigen Fehlers entsteht zudem ein weiteres Reflexionssignal. Infolgedessen sind Vielfachreflexionen möglich, die in dem in Bild 7 unten rechts gezeigten Tomogramm zu Fehlanzeigen (Artefakte) innerhalb der rekonstruierten Leerstelle führten.

Zusammenfassung

Anhand der Untersuchungsergebnisse konnte nachgewiesen werden, dass mit der THz-TDS-SAFT Inhomogenitäten innerhalb dielektrischer Bauteile zerstörungsfrei und berührungslos nachgewiesen und bei Bedarf in einem 3D-Bild dargestellt werden können. Die TDS ermöglicht zudem die Bestimmung der optischen Eigenschaften von Dielektrika. Bei genauer Kenntnis der Ausbreitungsgeschwindigkeit der Impulse im Dielektrikum (Realanteil des

Brechungsindex) sind notwendig, um die Laufzeiten in geometrische Größen umrechnen zu können. Damit ist die Voraussetzung gegeben, mit Hilfe der Rückprojektion aus den gemessenen THz-Daten die Lagen, Größen und Formen von Fehlstellen im Volumeninneren anhand der Ortsverteilung der Brechungsindexunterschiede (Tomogramm) zu bestimmen. Vor der Rekonstruktion müssen die im Zeitbereich gemessenen Amplitudensignale korrigiert werden, wenn im Rekonstruktionsraum Materialien mit unterschiedlichen Brechungsindizes von den THz Impulsen durchlaufen werden. Das rechnergestützte SAFT- Rekonstruktions-Verfahren verbesserte das Signal-Rausch-Verhältnis um den Faktor vier und ermöglichte die quantitative Bewertung von Fehlerkonfigurationen.

Referenzen

[1] J. Beckmann, H. Spranger and U. Ewert
"THz Applications for Non-Destructive Testing"
2017 Far East NDT New Technology & Application Forum (FENDT), Xi'an, 2017, pp. 272-276.
doi: 10.1109/FENDT.2017.8584511

[2] L. S. von Chrzanowski, J. Beckmann, B. Marchetti, U. Ewert and U. Schade
„Zeitaufgelöste Terahertz-Spektroskopie für die zerstörungsfreie Prüfung von gefährlichen Flüssigkeiten"
Materials Testing 2012 54, 6, 444-450

[3] S Wang and X-C Zhang
"Pulsed terahertz tomography" ,J. Phys. D: Appl. Phys. 37 R1 2004
https://doi.org/10.1088/0022-3727/37/4/R01

[4] J. Ding, M. Kahl, O. Loffeld and P. H. Bolívar
"THz 3-D Image Formation Using SAR Techniques: Simulation, Processing and Experimental Results"
IEEE Transactions on Terahertz Science and Technology, vol. 3, no. 5, pp. 606-616, Sept. 2013
doi: 10.1109/TTHZ.2013.2271298

[5] P. Müller, M. Schürmann and J. Guck
"The Theory of Diffraction Tomography"
Publication: eprint arXiv:1507.00466; July 2015 ; Bibcode: 2015arXiv150700466M
https://ui.adsabs.harvard.edu/#abs/arXiv:1507.00466

[6] G. T. Herman; H. K. Tuy.and K.J. Langenberg
"Basic methods of tomography and inverse problems"
Malvern Physics Series, A set of lectures, Bristol: Hilger, 1987, edited by Sabatier, P.C.

[7] W. Müller, V. Schmitz and G. Schäfer
"Reconstruction by the synthetic aperture focussing technique (SAFT)"
Nuclear Engineering and Design, Volume 94, Issue 3, 1986, Pages 393-404
https://doi.org/10.1016/0029-5493(86)90022-1

[8] M. Soumekh
"Synthetic Aperture Radar Signal Processing with MATLAB Algorithms"
Wiley-Interscience publication, ISBN: 978-0-471-29706-2, April 1999

[9] A. Sethian and A. M. Popovici
"3-D traveltime computation using the fast marching method"
GEOPHYSICS, March-April 1999, Vol. 64, No. 2: pp. 516-523
https://doi.org/10.1190/1.1444558)

[10] M. H. Skjelvareid, T. Olofsson, Y. Birkelund and Y Larsen
"Synthetic Aperture Focusing of Ultrasonic Data from Multilayered Media Using an Omega-K Algorithm"
IEEE Transactions on Ultrasonics, Ferroelectrics, and Frequency Control, vol. 58, no. 5, May 2011

[11] K. Mayer, R. Marklein, K.J. Langenberg, T. Kreutter
"Three-dimensional imaging system based on Fourier transform synthetic aperture focusing technique"
Ultrasonics, Volume 28, Issue 4, 1990, Pages 241-255
https://doi.org/10.1016/0041-624X(90)90091-2

[12] T. Stepinski
"An Implementation of Synthetic Aperture Focusing Technique in Frequency Domain"
IEEE transactions on ultrasonics, ferroelectrics, and frequency control, vol. 54, no. 7, July 2007 1399

Untersuchung des Alterungsverhaltens von Kunststoffen mit der Terahertzspektroskopie

Christopher STUMM [1]
[1] Fraunhofer IZFP, Saarbrücken
Kontakt E-Mail: christopher.stumm@izfp.fraunhofer.de

Kurzfassung

Im EU-Projekt TeaM Cables soll das Alterungsverhalten von Kunststoffen untersucht werden, welche als Isolationsmaterial von signal- und energieführenden Kabeln in Kernkraftwerken genutzt werden und dort sowohl thermischer als auch radioaktiver Belastung ausgesetzt sind. Hierfür wird ein neuartiger Multiskalenansatz entwickelt, der die Analyse der Effekte von Strahlung und Temperatur von der Molekülebene bis hin zur Makroebene beinhaltet. Des Weiteren ist eine Untersuchung der Auswirkungen verschiedener Zusammensetzungen von Polymeren und Additiven in den Kabelisolationen nötig, um ein möglichst vollständiges Modell bzgl. der Alterung zu erhalten. Dafür werden verschiedenste Verfahren benutzt, um Alterungseffekte an den Polymeren festzustellen. Das Fraunhofer IZFP führt hierzu Untersuchungen mittels Terahertz-Zeitbereichs-Spektroskopie durch, welche in der Lage ist, Polymere zu durchdringen und bezüglich ihrer Materialeigenschaften zu analysieren.

In der klassischen zerstörungsfreien Prüfung mittels Terahertzwellen wird der Fokus bisher hauptsächlich auf Inhomogenitäten dielektrischer Werkstoffe und die Messung von Dicken mehrschichtiger Materialien gelegt. Bei der Materialcharakterisierung reichen jedoch die bisher genutzten Messeffekte nicht aus, um Eigenschaften von Materialien und deren Veränderung im Laufe ihrer Lebenszeit mit den Messdaten eindeutig und stabil zu korrelieren. Im Projekt TeaM Cables wurden rein thermisch, rein strahlungs-gealterte Proben und kombiniert gealterte Proben untersucht und mit neu entwickelten Auswertealgorithmen des Fraunhofer IZFP analysiert.

Der Beitrag zeigt den Stand der bisherigen Arbeiten des Fraunhofer IZFP in TeaM Cables und die Entwicklungen zur Visualisierung und Auswertung großer Datenmengen zur Korrelation des Alterungsverhaltens mit Daten der Terahertzspektroskopie.

Qualitätskontrolle in der Polymerschaumextrusion

Marcel MAYR [1]
[1] SKZ – Das Kunststoff-Zentrum, Würzburg
Kontakt E-Mail: m.mayr@skz.de

Kurzfassung

Der weltweite Markt für Polymerschäume umfasste 2017 etwa 23,1 Millionen Tonnen, wobei bis 2019 ein weiteres jährliches Wachstum von 4,8 % prognostiziert wird. Die Hauptabsatzmärkte bilden die Bauindustrie und die Leichtbaubranche im Energie- und Mobilitätssektor, bei denen die guten thermischen und mechanischen Eigenschaften bei gleichzeitig reduziertem Gewicht genutzt werden. Ein Großteil dieser Schäume wird extrudiert und lediglich stichprobenartig, zeitaufwändig sowie teilweise zerstörend off-line im Labor charakterisiert. Bis vor kurzem war in der industriellen Praxis kein messtechnisches Konzept bekannt, welches inline, d. h. direkt im laufenden Prozess, Informationen über den zellulären Aufbau sowie die Rohdichte, die maßgebliche Qualitätskriterien darstellen, liefern kann.

Im Zuge des öffentlich geförderten AiF-IGF-Projektes mit der Fördernummer 19127 N wurde eine solche Messtechnik auf Basis der berührungslosen Terahertz-Technik erprobt und in einen Demonstrator überführt. Um sicherzustellen, dass die Ergebnisse des Projekts repräsentativ für nahezu den gesamten Markt polymerer Schäume sind, wurde eine sehr breit aufgestellte Datengrundlage geschaffen. Dabei wurde eine Vielzahl von Schaummaterialien, die der projektbegleitende Ausschuss zur Verfügung gestellt hat, untersucht. Es zeigte sich, dass bei der realisierten Inline-Berechnung des Brechungsin-dex von unbekannten Schäumen durch Anwendung einer entwickelten Kalibriergerade die Rohdichte ermittelt werden kann. Weiterhin konnte durch Betrachtung der frequenzabhängigen Streuung der Terahertz-Wellen auf die mittlere Zellgröße bzw. Zellgrößenverteilung geschlossen werden. Die Ergebnisse wurden mithilfe mikroskopischer und computertomografischer Untersuchungen verifiziert. Um diese zielgerichtet in die Industrie zu transferieren und die Anwenderakzeptanz zu erhöhen, wurden verschiedene Maßnahmen ergriffen. Im Mittelpunkt stehen hierbei die Berücksichtigung von extrusionsbedingten Rahmenbedingungen wie etwa Feuchtigkeit auf das Terahertz-Signal und die Hinterlegung von wesentlichen Projekterkenntnissen und den dazugehörigen umfangreichen Materialparametern in einer zentralen Datenbank, die potenzielle Nutzer abrufen können.

Das Kunststoff-Zentrum

SKZ

Qualitätskontrolle in der Polymerschaumextrusion

Marcel Mayr

02.04.2019

ZUSE-GEMEINSCHAFT | AiF ALLIANZ INDUSTRIE FORSCHUNG | DAkkS | TOP 100 | Deutschland Land der Ideen

Die Adresse – wenn's um Kunststoff geht

SKZ

Zahlen · Daten · Fakten

- Gegründet 1961 in Würzburg
- Über 400 Mitarbeiter (F&E: 170)
- Mehr als 350 Mitglieder in der Fördergemeinschaft für das Kunststoff-Zentrum
- Mitglied der AiF
- Gründungsmitglied der Zuse-Gemeinschaft

AiF ALLIANZ INDUSTRIE FORSCHUNG

ZUSE-GEMEINSCHAFT

Themenfelder F&E

SKZ

Definition

SKZ

- Sammelbegriff für Prüfverfahren
- Bestimmung der Qualität,
  OHNE betriebsrelevante Zerstörung des Bauteils

Thermografie

ZfP

Röntgen

Mikrowellen

Farbeindring-prüfung

Shearografie

Luftgekoppelter Ultraschall

Optische Sichtprüfung

Magnetresonanz

Terahertz

Vibrometrie

Wirbelstrom

UV/VIS/(N)IR-Spektroskopie

Magnetpulverprüfung

Terahertz – Prüfablauf

SKZ

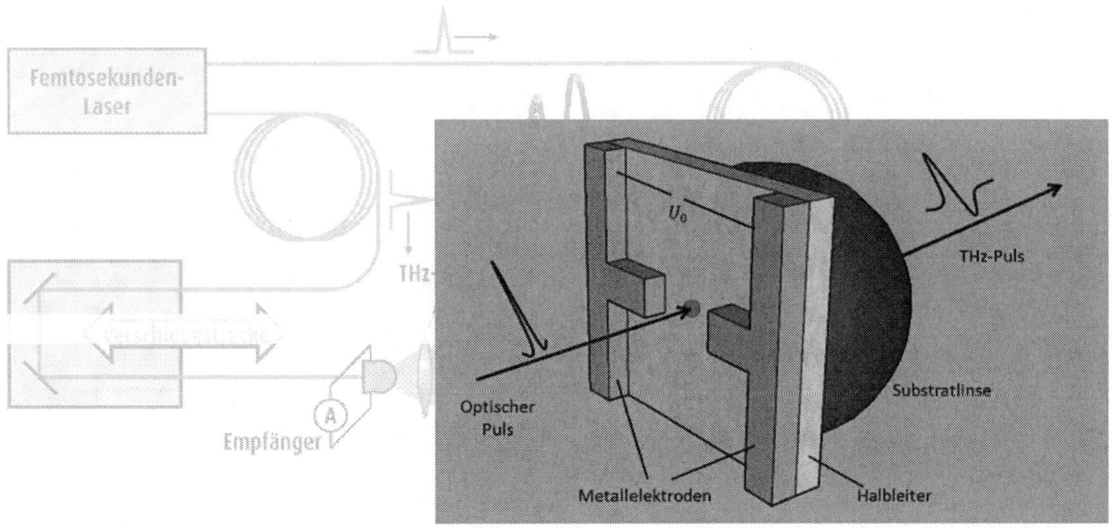

Terahertz – Prüfablauf

SKZ

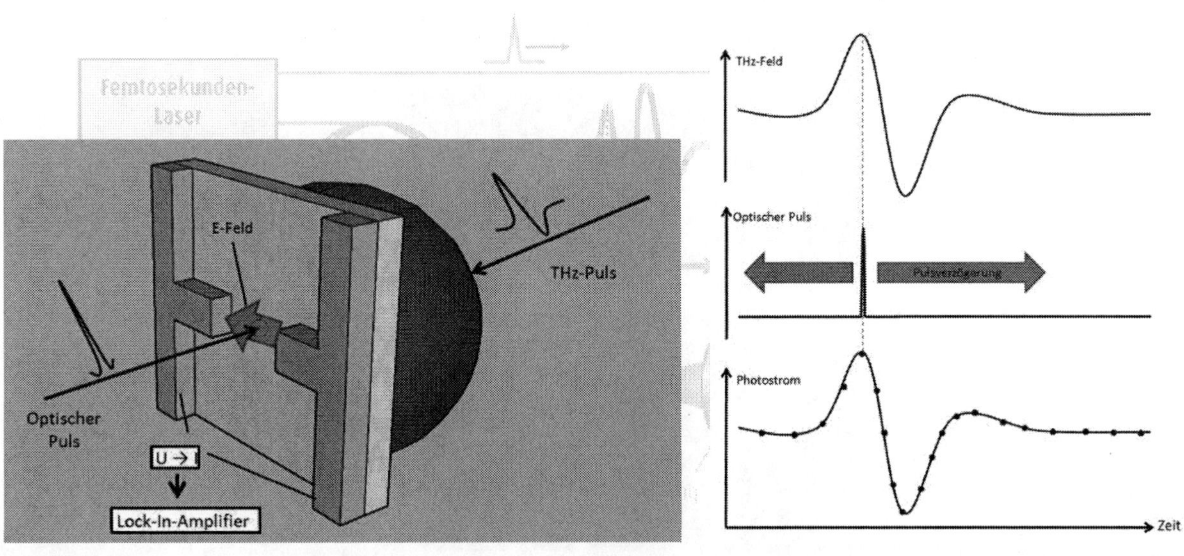

Charakterisierung von Polymerschäumen während der Herstellung

SKZ

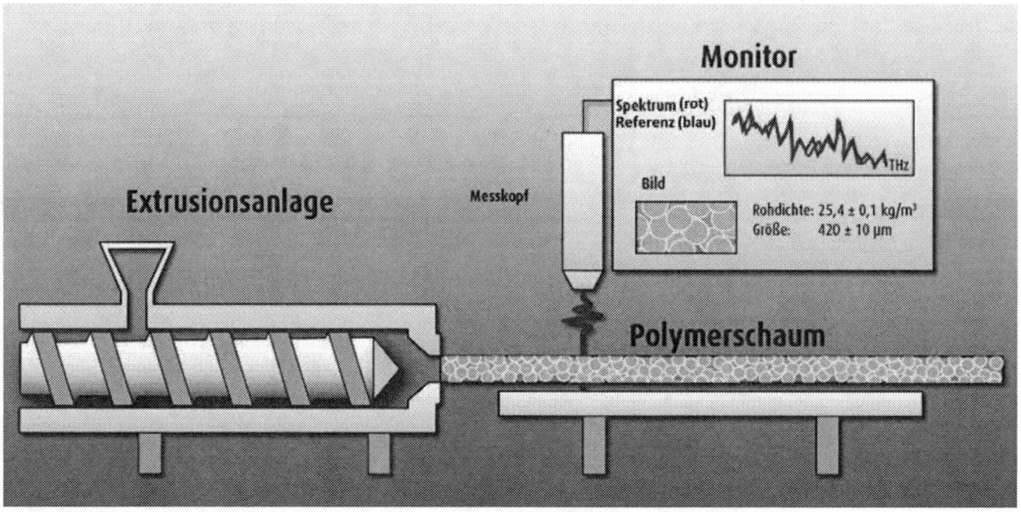

Terahertz-Messaufbau im Labor

SKZ

Demonstrator-Prüfstand mit THz-Messkopf

Beispiele für geschäumte Kunststoffe

SKZ

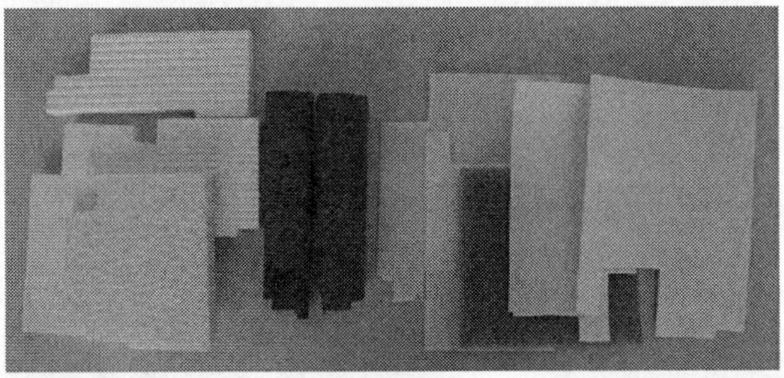

Geschäumte Rohre, Platten und Folien aus verschiedenen Materialien (PE, PET, PS, PP)

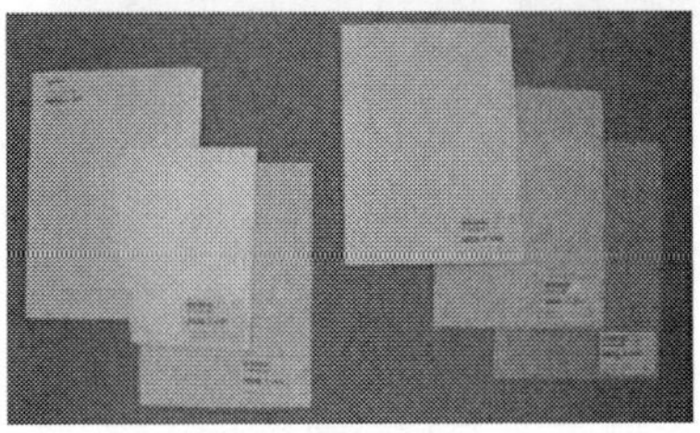

PE-Folien

XPS-Dämmplatten

Sandwich-Bauteil

Terahertz – Charakterisierung von Polymerschäumen

SKZ

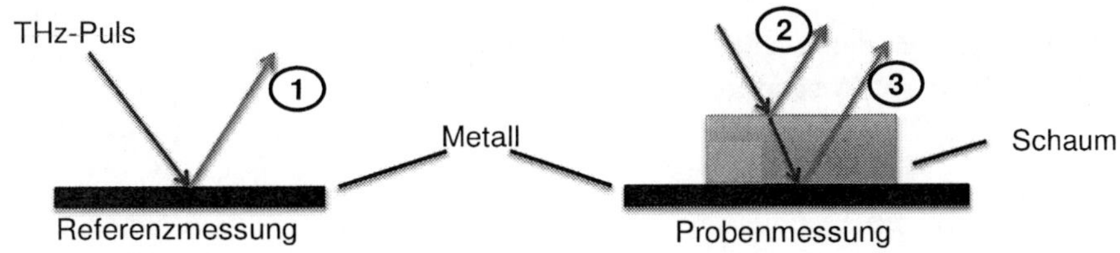

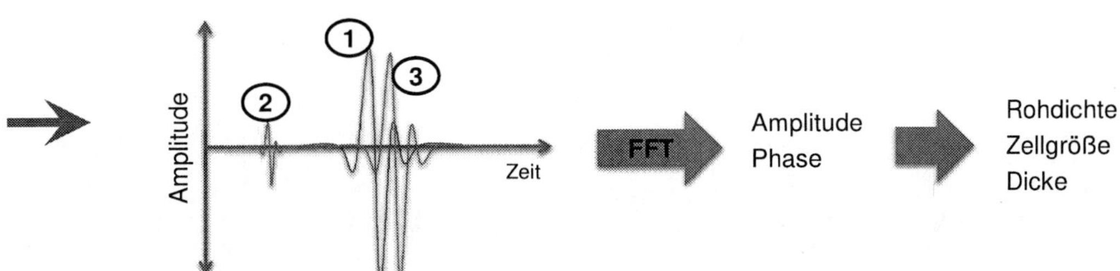

Prüfablauf und Datenauswertung

SKZ

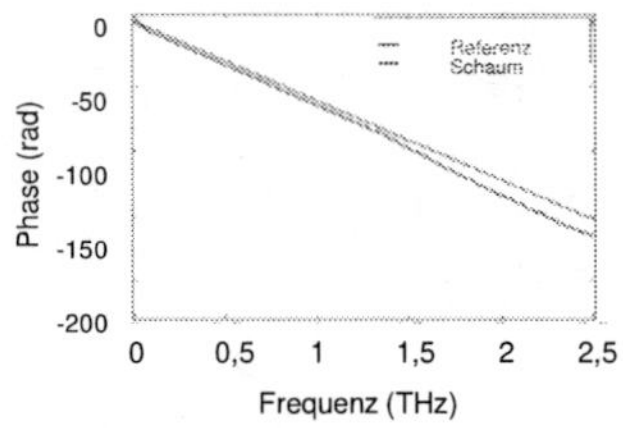

Brechungsindex:

$$n(\nu) = 1 + \frac{c}{2\pi\nu d}\Phi_{diff}(\nu)$$

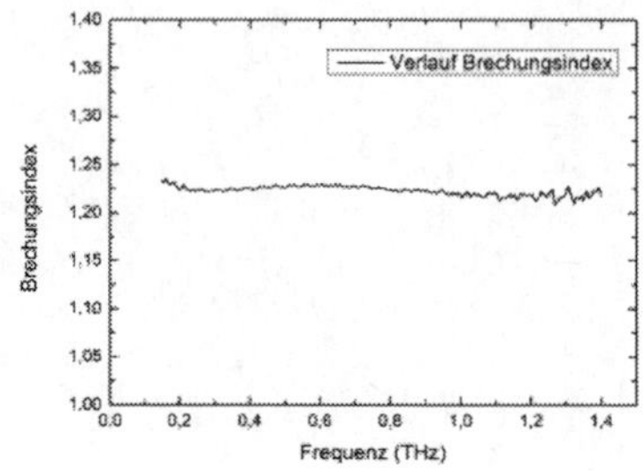

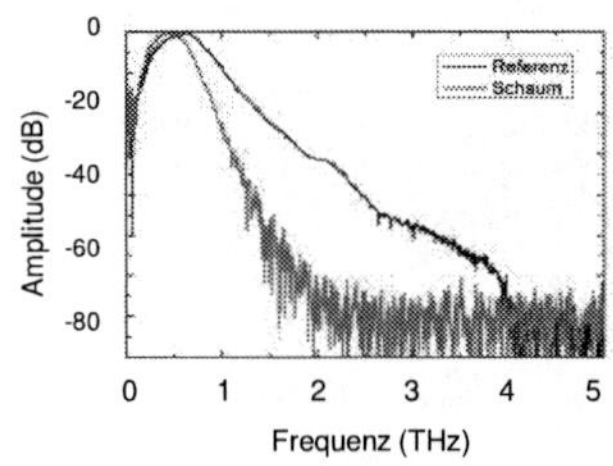

Dämpfung:

$$\alpha(\nu) = -\frac{2}{d} ln\left[\frac{E_{sam}(\nu)}{E_{ref}(\nu)}\frac{(n(\nu)+1)^2}{4n(\nu)}\right]$$

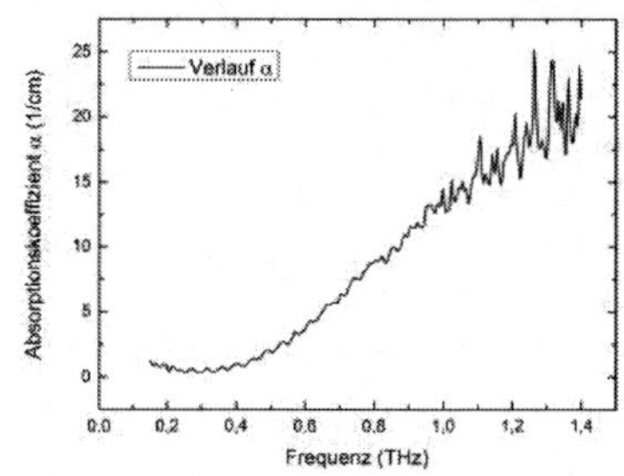

Ergebnisse – Rohdichte

SKZ

- Bestimmung des **Brechungsindexes** mittels des THz-Systems
- Ermittlung der **Rohdichte** durch Wiegen von Proben bekannter Geometrie

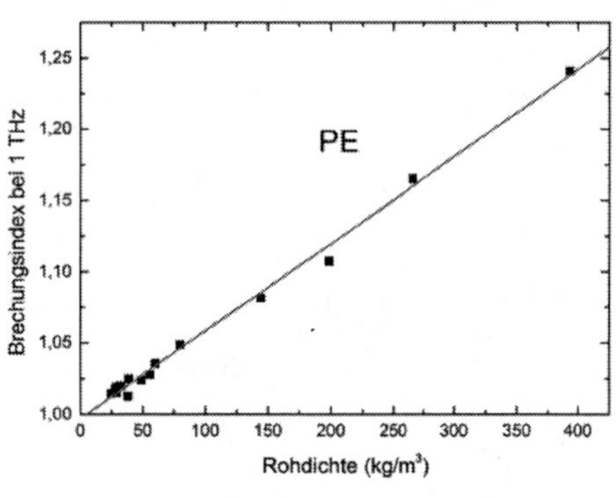

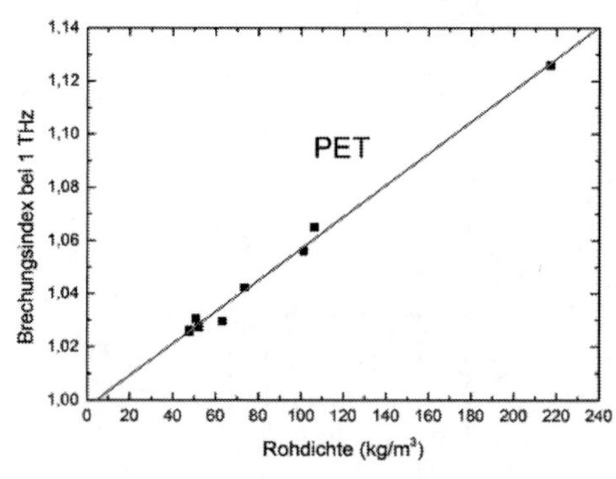

Ergebnisse – Rohdichte

SKZ

- Bestimmung des **Brechungsindexes** mittels des THz-Systems
- Ermittlung der **Rohdichte** durch Wiegen von Proben bekannter Geometrie

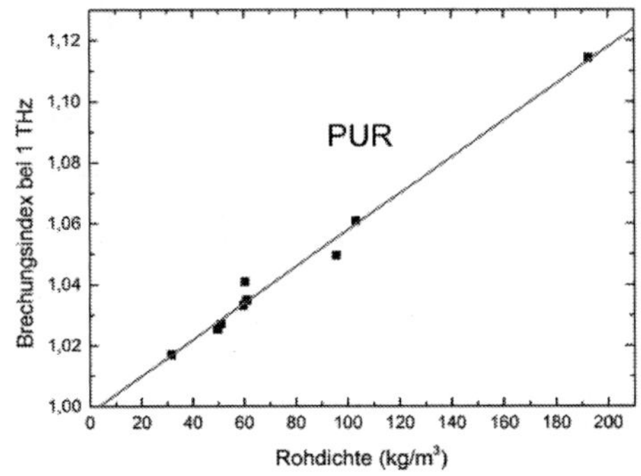

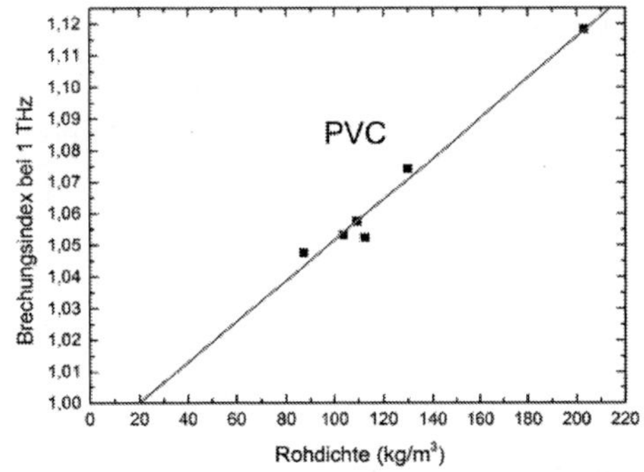

Ergebnisse – Rohdichte

SKZ

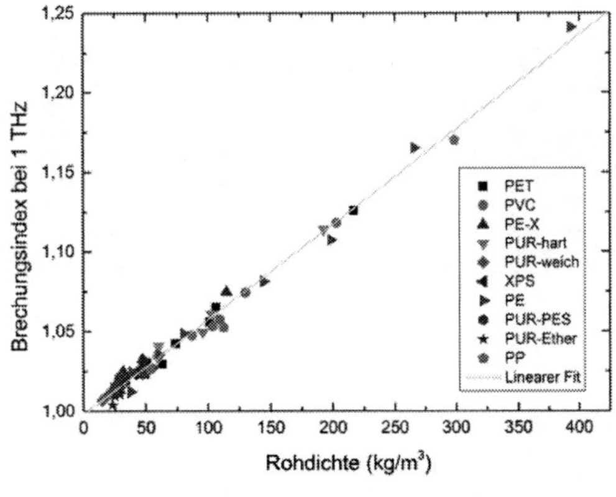

➢ Ermittlung einer Kalibrierkurve zur späteren Inline-Bestimmung der Rohdichte

Ergebnisse – Dickenberechnung

Zusätzliche Ermittlung der **Dicke** bei ebenen Oberflächen (Folien, Platten):
Idee: Kein direktes Aufliegen des Schaumes auf dem Drehteller

Reflexionen am Schaum:

$$n = \frac{c(t_2 - t_1)}{2d}$$

Zeitliche Änderung der Reflexion an der Metallplatte (Transmission):

$$n = \frac{c(t_{S1} - t_{S0})}{2d} + 1$$

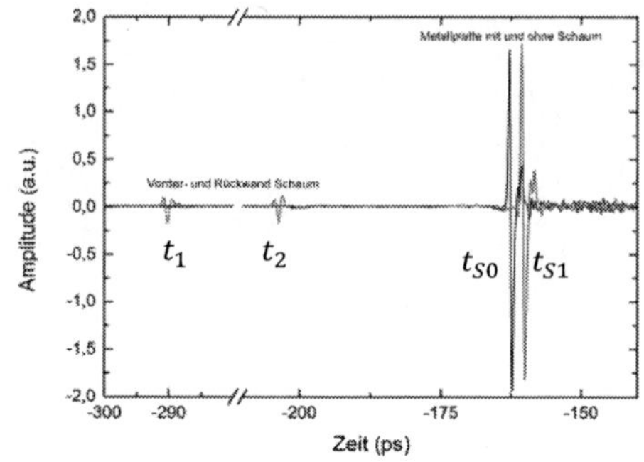

Gleichsetzen und nach der Dicke d auflösen:

$$d = |(t_2 - t_1) - (t_{S1} - t_{S0})| \cdot \frac{c}{2}$$

Ergebnisse – Zellgrößenbestimmung mit Referenzverfahren

Mikroskop

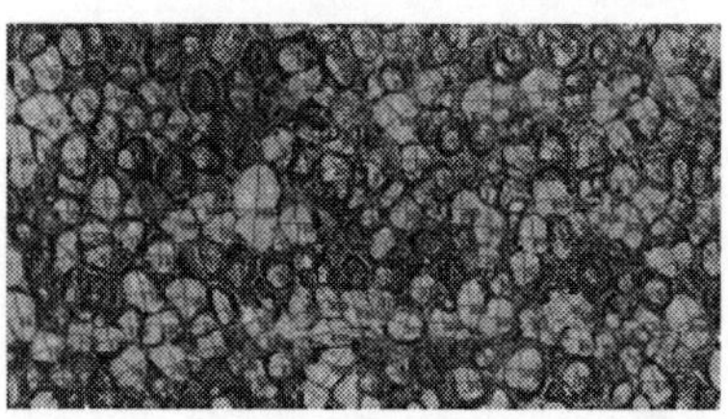

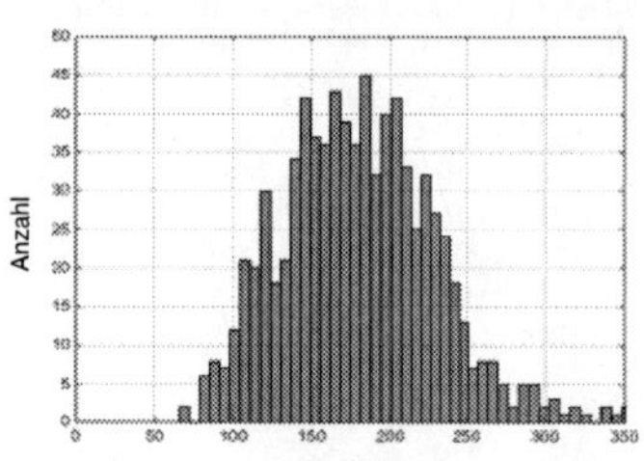

CT-Untersuchung

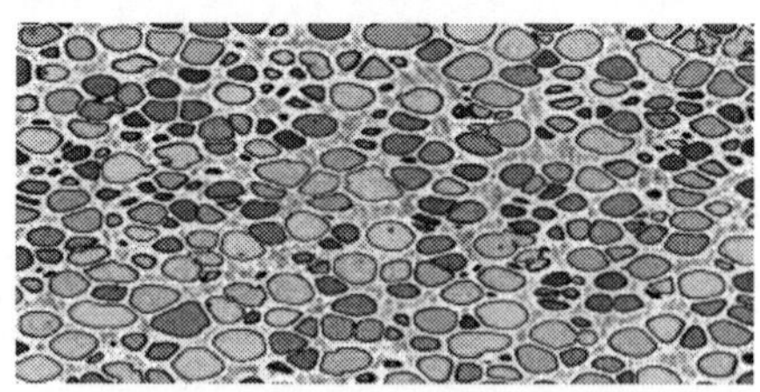

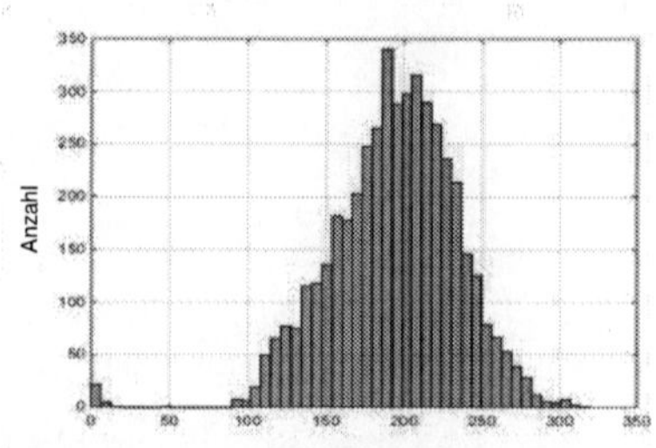

Ergebnisse – Theorie zur Zellgrößenbestimmung mit Hilfe der Streuprozesse

SKZ

Wellenlänge
≈
Zellgröße

→ Approximation der Streuung durch die Mie-Theorie

Extinktion (Dämpfung): $E = c_n \frac{\pi}{4} d_{sp}^2 K_{ext} d = c_v d \frac{3}{2d_{sp}} K_{ext}$

Nutzung der Theorie der Mie-Streuung zur Simulation der Extinktion bzw. der Streuprozesse

c_n: Partikelanzahlkonzentration
d_{sp}: Durchmesser des Partikels
d: Dicke des Schaumes
c_v: Partikelvolumenkonzentration
K_{ext}: Extinktionskoeffizient

Prüfung • Bildung • Forschung • Zertifizierung • Vernetzung 17

Ergebnisse – Zellgrößenbestimmung

SKZ

Es wurde eine Bibliothek an verschiedenen Extinktionsverläufen mit Hilfe der Mie-Streutheorie in Abhängigkeit folgender Parameter erstellt:

- Brechungsindex
- Zellgrößenverteilung

Bestimmung Brechungsindex aus vorliegendem Polymerschaum → Aufrufen Bibliothek für jeweiligen Brechungsindex → Ermittlung beste Übereinstimmung Extinktionssimulation mit -messung → Mittlere Zellgröße + Standardabweichung

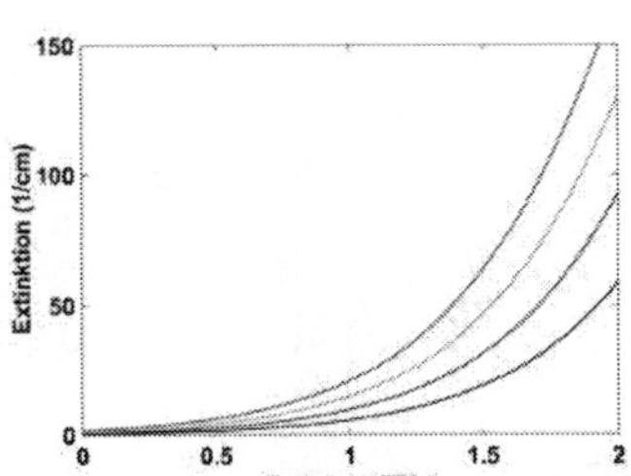

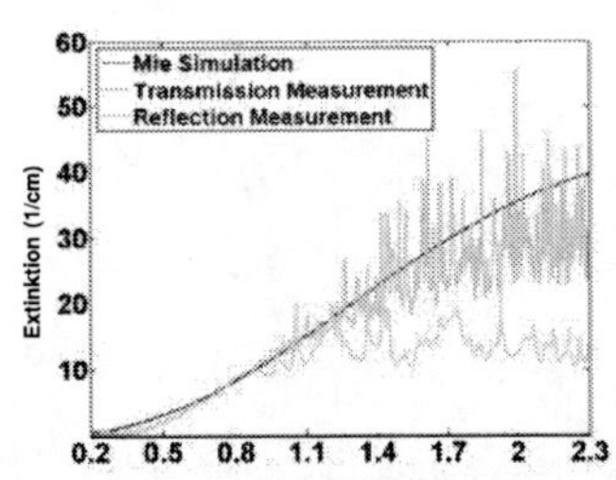

Prüfung • Bildung • Forschung • Zertifizierung • Vernetzung 18

Ergebnisse – Geschäumte Folien

SKZ

- Messung zweier geschäumter PE-Folien
- Inline-Bestimmung von Rohdichte, Zellgröße und Dicke

Referenzmessungen

Proben	Rohdichte (kg/m^3)		Zellgröße (μm)		Dicke (mm)
	Hersteller	Referenzmessung (Gewicht/Volumen)	Mikroskop	CT	Messschieber
P 9	185	199 ± 10	269 ± 85	210 ± 53	2,0 ± 0,1
P 7	100	144 ± 2	329 ± 115	329 ± 102	2,1 ± 0,1

THz-Messungen

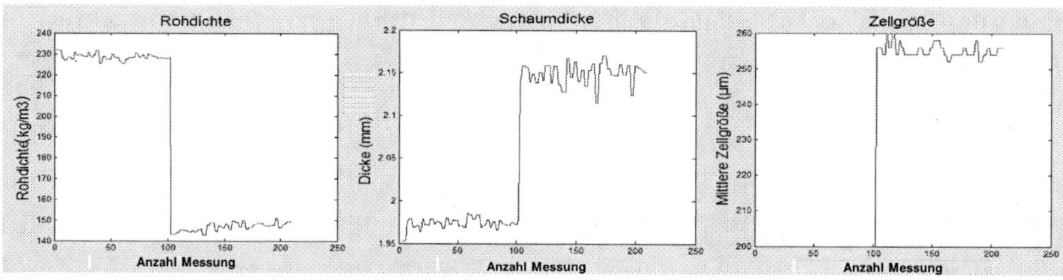

Ergebnisse – Geschäumte Profile

SKZ

- Messung geschäumter PE-Rohre
- Keine ebene Flächen, daher Eingabe der Dicke zur Berechnung der Rohdichte nötig

Referenzmessungen

Proben	Rohdichte (kg/m^3)		Zellgröße (μm)		Dicke (mm)
	Hersteller	Referenzmessung (Gewicht/Volumen)	Mikroskop	CT	Messschieber
Rohr 1	35	39 ± 9	946 ± 289	782 ± 353	33
Rohr 2	45	56 ± 4	608 ± 195	567 ± 157	21,6

THz-Messungen

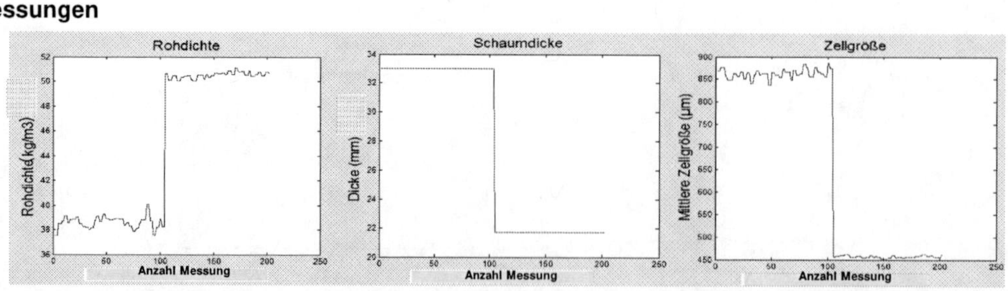

Ergebnisse – Dämmplatten

SKZ

- Messung verschieden dicker geschäumter XPS-Platten
- Ebene Flächen, daher zusätzliche Berechnung der Dicke
- Steigende Rohdichte sowie fallende Zellgröße (bis auf Dicke 10 mm) bei kleiner werdender Plattendicke

Referenzmessungen

Proben	Rohdichte (kg/m^3)		Zellgröße (μm)		Dicke (mm)
	Hersteller	Referenzmessung (Gewicht/Volumen)	Mikroskop	CT	Messschieber
XPS	k. A.	42 ± 10	182 ± 69	250 ± 58	$20{,}15 \pm 0{,}10$ $9{,}72 \pm 0{,}10$ $5{,}20 \pm 0{,}70$ $3{,}10 \pm 0{,}05$

THz-Messungen

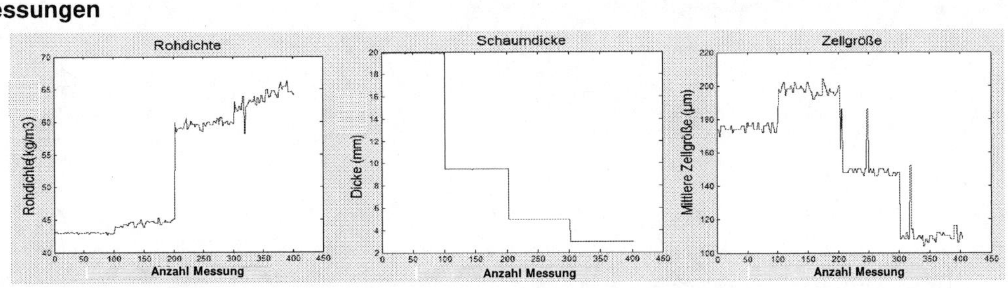

Zusammenfassung

SKZ

- Entwicklung eines Demonstrators
- Simulation des Dämpfungsprozesses mittels der Mie-Streutheorie
- Schichtdicken- sowie Rohdichtenbestimmung waren mit Referenzmessungen vereinbar
- Teilweise Abweichung bei Zellgrößenbestimmung
  - ➢ Angepasste Kalibrierung auf einzelne Schaumtypen (Hersteller, Material) mit Hilfe eines zusätzlichen Faktors in Mie-Simulation
- Zusätzliche Dickenmessung bei glatten, ebenen Oberflächen (Folien, Platten)

Vielen Dank!

SKZ

AUTHOR INDEX